轉變中的台灣石化工業

Taiwan's Petrochemical Industry in Transition

黃進為　著

序言

　　我們的地球居住了 60 億人口，並且每天正以 22 萬人的速度增加，企業的責任便是服務這些人口數。石化工業發展至今已跨越一世紀的光景，除創造高度經濟價值之外，更造就人類舒適的生活環境與生存需要，如今石化工業與人類可謂密不可分。

　　台灣石化工業發展起始於 1960 年代，當時台灣的塑膠原料及人纖加工出口業相當發達，但是所需要的基本原料皆仰賴進口。隨著經濟高度發展與政府政策扶持下，台灣很快就具備了自製石化原料的條件，由下游向上游工業發展，逆向整合模式成為台灣石化工業發展之特色。台灣石化工業 40 多年來的發展，除曾扮演台灣經濟奇蹟的推手外，在創造就業人口及提升人民生活品質的貢獻也是值得肯定的。目前台灣的石化工業規模，以 2007 年乙烯年產量計算約達 391 萬噸左右，排名世界第 13 位。

　　由於石化工業係屬高耗能產業之一，而製程中所排放之物質對空氣、水及土壤並不友善。近年來世界各國環保意識高漲，地球溫暖化的議題也引發世人高度關注，對石化工業整體發展衝擊甚鉅。台灣石化工業在前述因素的影響之下，正面臨前所未有的衝擊。台灣由於勞動成本過高，大部份加工業均已外移，目前台灣石化產品的最大市場為中國大陸，每年銷到該市場的石化產品佔總產量一半以上。石化業的景氣高峰由 2005 延續至 2007，台塑六輕四期已完工投產，乙烯總產能將提增 120 萬公噸之巨；中油三輕更新案若無意外，也可望動

工；至於國光石化科技新計畫，籌備之路仍相當艱辛。未來台灣石化業者應聯合亞洲 APIC 會員國，整體考慮產能維繫、設備更新及環保問題，這是刻不容緩的事情。

　　本書撰寫歷時四年，主要架構分為「石化工業的重要性」、「台灣石化工業概況與政策分析」及「台灣石化工業重要課題探討『包括：台灣石化工業面臨的挑戰、產業永續發展的課題、變遷中的台灣石化工業』」三部分。本書的出版，冀期能提供有志探究台灣石化工業轉變趨勢的讀者，一個簡易、快速且有系統的知識交流平台。惟由於才疏學淺，經驗欠豐，陳述內容恐有不夠詳盡之處，尚請國內外先進及賢達人士，賜予指正。

　　本書的完成，特別感謝啟蒙長官台灣區石化公會謝總幹事俊雄，銘傳大學公共事務研究所席所長代麟，台灣區石化公會周理事長新懷及全國工業總會陳理事長武雄等長官指導與栽培。

黃進為　謹誌

2007 年 7 月 7 日

目次

第一篇　石化工業的重要性

何謂石油化學工業

　　石化工業是什麼工業？一語道破石化工業是以「石油或天然氣為原料的工業」，也是石油化學工業的簡稱。這一個答案雖然大家並非陌生，但一般人大都不著頭緒，畢竟石化工業上、中、下游產品類別繁瑣，千變萬化。

　　舉例來說，通常工業的名稱都很明確，例如水泥工業，就是製造水泥的工業，汽車工業就是製造汽車的工業，其產品都標示得很清楚，人們可以顧名而思義，所得答案皆相距不遠矣。然而石化工業就顯得不一樣，因為只標明了原料而沒有標示出一般人所熟知終產品（end products）。那麼為什麼不標示出產品來呢？理由可能因為相關產品實在太多了，多到無從表列完整的地步吧！

　　石油化學工業產品範圍包羅萬象，從衣、食、往、行、到育、樂，可說是無所不包，儼然構成一行百業的景況。這也使得石化工業產品給人目不暇給的感覺，令人對其有莫測高深的感覺。舉個例子來說，石化產品包含近在身邊的塑膠器皿、遠在天邊的太空梭器材零件等等皆是。

　　再談談石化工業的發展歷程及玄機，該產業是以石油或天然氣為原料。在美國發展的初期，是從天然氣中的甲烷來製造肥料的；甲烷是最簡單的碳氫化合物，是由一個碳與四個氫所形成。後來，從煉油的廢氣及探採原油隨油出土的隨伴氣中，抽取甲烷來製造肥料。當時，石化工業是肥料工業之一呢！

　　天然氣以甲烷為主，並含有少量乙烷；乙烷經過高溫裂解，可以分解為氫與乙烯。乙烯相當活潑，在化學結構方程式上，它具有雙鍵；雙鍵處能夠與相鄰的乙烯或其他單體相連結，於是形成了不同分子量的碳氫化合物，許多形成高分子物，亦即高分子化學品，像聚乙烯、日常的其他塑膠製品皆是。因此，我們可以說石化工業除肥料工業之外又加上了塑膠工業了。

　　另外一方面，石化工業除了原料來自天然氣之外，亦可改用輕油為原料。輕油是原油蒸餾時可得的餾份之一，又稱石油腦。輕油很像汽油，又名粗汽油。但無論是輕油裂解或乙烷裂解，其產品皆稱為石化基本原料，如乙烯、丙烯、丁二烯，苯、甲苯與二甲苯等等。這一部份就稱為石化基本原料，或稱為石油化學上游工業。

　　上述這些石化基本原料經過精製、化合、聚合而得的產品，統稱為石油化學中間原料，如：聚乙烯、聚丙烯、聚丁二烯橡膠等；依用途而分則為塑膠、合成纖維原料與合成橡膠原料等。這一部份的工業，稱為石油化學中間原料工業，或石油化學中游工業，或依其特性稱為塑膠工業、合成纖維工業或合成橡膠工業。利用中間原料來加工產製各種製品，便稱為石油化學下游工業，並依其產品而分別為塑膠製品工業、橡膠製品工業、合成纖維工業。

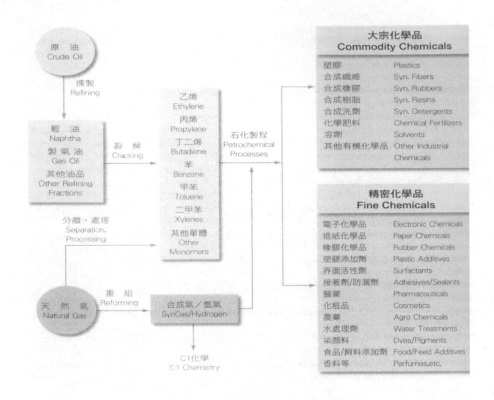

圖 1-1　石油化學工業之範疇

資料來源：中華民國的石油化學工業年鑑／2006 年版

何謂石油化學製品

　　石油化學製品顧名思義是石油化學工業的產品再經過加工製造而得的製品。目前這類產品繁多，已達到「族繁不及備載」，抑或「一表三千里」，甚是「表兄表妹不相識」的程度。這是怎麼回事？它好像讓人摸不著頭緒，但是它卻又實質的存在我們的生活之中，它是不是很奇妙呢？

　　一般的工業產品很好認。如汽車工業的產品就是汽車，產品形象清清楚楚一眼就可認出，任誰都不會指鹿為馬的；再說水泥工業，就稍為複雜一些了，水泥工業的產品是水泥，是灰色細細的礦物粉。水泥製品工業的產品，如水泥瓦、水泥磚、水泥浪板，雖形狀不一，但還看得出水泥本身的影子，也能夠間接推敲水泥瓦與水泥磚有「堂兄、堂弟」的關係。

　　那麼食品工業呢？例如麵粉工業就是把小麥變麵粉；加工麵粉的產業便是將麵粉加工後變成各種食品，麵茶（粉狀）、麵線（線狀）、麵糊（糊狀）、餅乾（固體，或硬或脆）、蛋糕（海棉）。即使是麵條，可以煮成麵食（如酢醬麵）、或是湯麵（再分牛肉麵、大沽麵）；雖麵粉製品已夠複雜，但我們還是清清楚楚，一看就知道它是麵粉做的，因為，數千年來，我們與麵粉「熟」的很。然而石化工業就神奇多了，雖然報上常見相關報導，但人們還是與石化工業「不熟」，或者天天見面、時時用著石化製品卻不自覺，現在不妨就來說個究竟吧！

　　石化產品的最初原料皆來自石油或天然氣，石油它像醬油膏似的黏糊糊樣，天然氣則是摸也摸不著。然而石化產品卻是種類多到數不清，在日常生活中有些產品甚至讓人難以想像它是來自石化工業的。舉例來說，女性穿著的尼龍絲襪（柔而韌）、年輕朋友喜愛的口香糖（柔而軟）、上流紳士手持的高爾夫球桿（硬而韌）、汽車配置的安全玻璃（硬而不脆）、功能廣泛的保利龍（軟而脆）、家中客廳沙發內的海棉（軟而不脆）、上班族的 007 手提箱（硬而牢）、人們配戴的眼鏡鏡片（透明而不脆）、各類車輛輪胎（硬而有彈性）、甚至是生活便利的好幫手橡皮筋（軟而有彈性）皆是石化製品。

　　再從其型態來分辨有：煤氣、噴霧式殺蟲藥（都是氣體）；汽油、酒精（都是液體）；原子筆、筆筒（都是固體）。以用途來分則有：文具（米達尺、保護夾、立可白）、玩具（洋娃娃、機關鎗、塑膠積木、肥皂泡泡）、運動用具（球類、球拍、跳繩、游泳褲、滑溜板）、醫藥（心臟藥的硝化甘油、維他命、阿斯匹林）、農藥、炸藥、洗衣粉、FRP 浴缸……這些東西也都是來自石化工業。科技日新月異，各類的奈米產品紛紛問世後，更使得石化產品尤如夜晚天空的星星一樣，想數都數不清了。

資料來源：中國石油學會

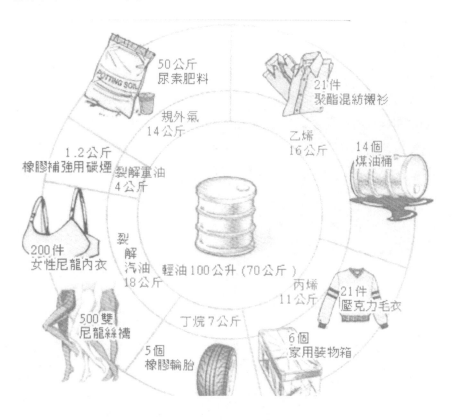

圖 1-2　石油化學工業創造高附加價值範例

（以 100 公升汽油之衍生品為例）

　　上述種類眾多的石化製品他們都是「兄弟」，追溯其「元祖」大多來自石油，產品卻相差甚大，不由得讓人感到這一群「兄弟」有「南轅北轍、南腔北調」的特性。任憑想像力豐富的文學家以怒髮衝冠、如白髮三千丈都沒有辦法想像尼龍絲襪與 FRP 浴缸是「親戚」，而游泳褲與阿斯匹林也是「親戚」，您說妙不妙！他們都是石化製品，都是以石油為原料的。黏巴巴的石油變成了輕盈柔軟的絲巾，任憑您感到難以置信，但卻是不爭的事實。石化產品如水銀瀉地般，深入各行各業，而所製造出的製品自然是千變萬化，充斥在人們的日常生活之中。

石油化學工業與生活

　　儘管石化工業並非是造就人們生活的萬靈丹，石化工廠也非當地居民的好鄰居，產業所造成的環保課題也經常成為議論的焦點，但是石化工業的發展真實讓我們的生活變得更方便、舒適了。

食

　　由於石化工業的發展使得化肥能更普遍施用，也促使畜牧及水產養殖業的飼料營養成份得以改善，農畜產品的生產效率因而提高，連帶改善了國人的營養。

　　在食品工業中清涼飲料用水、精煉葡萄糖用水、針藥劑用水均賴石油衍生的離子交換樹脂處理，石化產業對此類工業及人們日常生活之重要性自不待言。

　　合成樹脂餐具、密封罐及保鮮膜早已融入了日常生活，塑膠製品也被廣泛應用於食品包裝，因而改善了國人的食品衛生。

衣

　　一座年產九萬噸合成纖維工廠佔地約 5,000 平方公尺，相當一個足球場大，如年產等量之棉花則需種植 1,600 平方公里土地，如年產

等量之羊毛，則需 40,000 平方公里之牧場，因此合成纖維可節省生產所需之土地，在地狹人稠的台灣更凸顯其重要性。

合成纖維在生產過程中可隨需要調節，能開發不同功能的產品；除可單獨使用外，也可混紡，如今合纖已成為國內紡織業之主要原料，也讓國人因此享有各種價廉物美的衣著。

合成皮不僅沒有天然皮革容易發霉、發裂，保養費錢費工的缺點，更不會引起保育問題。傳統的雨衣、雨鞋、雨傘如今幾乎已全由塑膠製品取代，因此由石化工業所開發之合成纖維及合成皮已構成現今人類衣著的主幹，與人類生活有著密不可分的關係。

住

現代建築物中的隔熱板、玻璃、油漆、配管、牆板、隔音板等傳統建材，如今幾乎都被石化產品替代；工程塑膠也逐漸成為因應特殊用途之建材；塑膠地磚或地毯也已成為住宅或辦公室基本地材；傳統的室內裝潢材料及家俱也被石化產品取而代之，因此石化產品在建築業的地位愈來愈重要，甚至有取代金屬的趨勢，不僅讓人們生活環境更加舒適，也營造了特殊之視覺享受。

行

所有的交通工具，無論飛機、船舶、汽機車及自行車的部份零件，以及橋樑、建築物之接縫、碼頭之緩衝墊等也都需要使用到合

成橡膠。因此由石化工業所衍生的合成橡膠業也迅速的融入人類生活之中。

　　合成橡膠如同合成纖維具可節省土地資源之功能。因為每年生產 200,000 噸天然橡膠之土地，足足可以生產供應 250,000 人口之米、小麥、大豆等糧食，所以推廣合成橡膠不僅可節省生產所需之土地，又可視需要開發不同功能之產品，讓交通工具的輪胎更安全舒適，人們也能享有更物美價廉的鞋子。

娛樂

　　石化工業提供諸如各種運動器材、攝影膠捲、光碟等娛樂設備及人們在運動與休閒活動所穿著衣物中特殊纖維等之基材，因此石化工業對人類的娛樂生活也有顯著的貢獻。

　　石化產品也被廣泛應用於醫療藥品及化妝品，總而言之，石化工業能讓人類更有效的運用既有資源，不僅延長資源使用年限，造福後代子孫，更讓人們能以較低之成本獲得各種生活必需品，得以享受舒適、方便、高水準的生活。

　　這個世界上究有多少種石化製品，實在讓人無法想像，只能說好多、好多，而且明天更多。儘管石化工業並非是造就人們生活的萬靈丹，石化工廠也非當地居民的好鄰居，產業所造成的環保課題也經常成為議論的焦點，但是石化工業的發展真實讓我們的生活變得更方便、舒適了。從這個角度來看，其不折不扣為人類文明的一大進步，更具體的說，如果有一天『石油化學工業』從我們的生活中消失，那麼世界會是如何的景況啊！

第二篇　台灣石化工業概況與政策分析

第一章　台灣石化工業概況

產業結構

　　台灣石油化學工業是以逆向整合（backward integration）的方式，逐步完成一貫作業的架構，也就是先建立下游加工業，開發國內外的市場，所需石化中間原料由國外進口，製造加工品，再進而自製中間原料，形成中游體系，最後興建輕油裂解工場，供應石化基本原料，完成上游體系；石化相關產業包括塑膠、橡膠、紡織、樹脂、清潔劑等。

一、產業之範疇

　　石油化學工業（簡稱石化工業）為一極複雜之生產體系，由石油或天然氣開始以至最終成品，大別可分為基本原料工業，中間產品工業和最後成品工業三部份，一般又稱為上游（upstream）、中游（middlestream）、和下游（downstream）。依聯合國工業發展組織（UNIDO）之定義範圍，石油化學工業是指中、上游而言。

二、產業之崛起與分佈

　　台灣石化產業的特點之一是垂直整合程度相當高，產業發展下而上，逆向發展而成的一完整體系，上、中、下游環環相扣。台灣不生

產石油，加上早期經濟情況不佳，資金不足又缺乏研發，在 1960 年代時期，國家鑒於開發石化上游之工業資金相當龐大，尚無力推展，因此先培植初級產業，並購買國外加工機械設備從事小額投資，藉以累積資金與學習加工技術；迨台灣經濟力獲致改善後，石化基本原料需求增加，已具興建石化基本原料廠規模，逐漸開始有輕油裂解廠之興建，為典型之逆向整合模式。

在台灣經濟發展之初期，資金、人才或技術均不足的景況下，石化業之大規模投資，有必要由政府主導引進，同時配合價格補貼政策，使台灣石化業持續成長。因此，台灣整體石化產業之崛起的特徵係從下游的勞力密集之塑膠加工業開始，進一步提供中上游發展之機會。

表 2-1-1　石化業上中下游關係

部門	生產階段	生產特性	產品
一（上游）	輕油裂解	資本密集	石化基本原料（乙烯、丙烯、苯等）
二（中游）	石化原料	資本密集	1、塑膠原料（PVC、PE、PP、PS、ABS 等五大範用樹脂） 2、人造纖維原料 3、人造橡膠原料
三（下游）	下游加工	勞力密集	塑膠製品 人造纖維及其紡織製品 人造橡膠製品

資料來源：台灣社會研究季刊

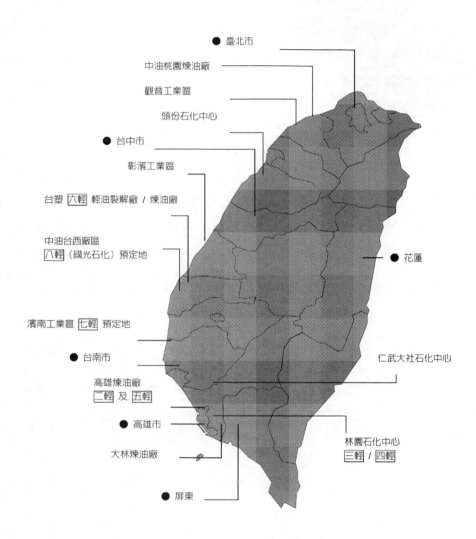

圖 2-1-1　台灣輕油裂解廠與主要石化廠分佈圖

產業特性

一、生產結構

原油與天然氣為石化業之主要原料，原油經過蒸餾之後，約產生20%的輕油（Na phtha，又稱為石油腦），再裂解成為石化基本原料。早期的乙烯工廠，在美國大都使用乙烷（Ethan）或丙烷（Propane）作進料，在歐洲及日本則使用輕油，各取所需，台灣石化基本原料來源皆以輕油裂解為主。

輕油裂解產生石化基本原料：乙烯、丙烯、丁二烯、苯、甲苯與二甲苯；另外，天然氣經過提煉可產出甲烷[1]（Methane），形成石化工業之上游體系。

---

[1] 台灣的頭份石油化學中心，原本以自產天然氣為原料生產石化產，但由於天然氣礦源逐漸枯竭，致使原有之乙烷裂解廠因原料供應短缺，已經在民國79年7月停工，繼於85年間拆除廢棄；台氯之氯乙烯廠、台肥液氨廠也都相繼停工（中華民國的石油化學工業年鑑，2001，P5）。

二、產業關連性

　　台灣石化工業是由下而上，逆向發展而成的一完整體系，上、中、下游環環相扣，此一體系可謂舉世獨有，因此在短短數十年間獲得良好成就，並帶動台灣經濟蓬勃發展。

　　在台灣經濟發展的初期階段，石化下游工業具有資本額小、勞力密集度高之特性，配合當時的經濟環境發展條件，致使塑膠與紡織工業的快速成長，創造極高的產值。美中不足的是當時石化原料多半仰賴進口，價格常有波動，貨源亦有不穩定的景況發生。

　　石化中、上游的發展，即是建構在下游加工業者具備初步基礎之後，政府與業界都有志一同致力於中、上游石化基本原料廠之投資，隸屬於國營體系的台灣中油公司率先投入輕油裂解廠的設立，與其他業者形成石化上中下游體系。

三、資本規模

　　石化業為資本密集型產業，係因一座石化廠的興建，包含建地之規劃與購置、購買製程技術、工廠興建（包含軟、硬體）、試車等等，都需要龐大的資金。

　　台灣於民國 55 年建立第一輕油裂解廠，乙烯年產能 54,000 公噸，採用美國 Lumnus 公司技術。其後又陸續建立其他第二、三、四、五、六座輕油裂解廠。這些上游原料工場，需要廣大的土地及港口設置等成本，投資金額都在千億元以上，由於石化業投資金費龐大，形成進入障礙之特性。

四、技術形式

一座石化廠的設立，建造過程涉及專業化技術，屬於技術密集型產業。石化工業技術始於第一與第二次世界大戰間的 30、40 年代，是公認現代材料革命性發明的年代，幾乎各種現用的塑膠、人纖、橡膠等都是那個時代發明的；現代的石化工業則利用這些技術，繼續改進，階段性放大生產，由歐、美地區發源、壯大（40~50 年代），日本引進（60 年代），再擴散到中、韓新興國家（70 年代）。我國石化廠之技術，主要購買對象是美國石化廠，少部分來自其他國家，例如日本及歐洲石化廠。

五、產品與市場

石化產品具有獨特的性質，產品的替代性呈現上游低、下游高的景況。例如輕油裂解後產出之乙烯、丙烯、丁二烯、苯、甲苯與二甲苯等石化基本原料，在產業鏈上幾乎沒有替代產品，因此維持高自給率是產業穩定發展之基石。

由台灣區石油化學工業同業公會 45 家會員公司之生產產品分析，個別產品生產家數不多，同一產品生產廠家最多不會超過 10 家（聚苯乙烯 PS 生產廠家最多有 9 家），具有市場集中度高的產業形式，有關台灣主要石化品生產廠家請詳見下列分類表。

表 2-1-2　台灣烯烴（Olefins）生產廠家表

產品 Product	生產廠家 Producer
乙烯 ethylene	中油 CPC
	台塑石化 FPCC
丙烯 Propylene	中油 CPC
	台塑石化 FPCC
丁二烯 Butadiene	中油 CPC
	台塑石化 FPCC
正-1-丁烯 Butene-1	台合 TASCO
	台塑 FPC

資料來源：中華民國的石化工業年鑑

表 2-1-3　台灣芳香烴（Aromatics）生產廠家表

產品 Product	生產廠家 Producer
苯 Benzene	中油 CPC
	台化 FCFC
甲苯 Toluene	中油 CPC
	台化 FCFC
混合二甲苯 Mixed Xylene	中油 CPC
對二甲苯 P-Xylene	中油 CPC
	台化 FCFC
鄰二甲苯 O-Xylene	中油 CPC
	台化 FCFC
烷基苯 Alkyl Benzene	和益 FUCC
壬酚 Nonyl Phenol	和益 FUCC
氫化石油樹脂	和益 FUCC

資料來源：中華民國的石化工業年鑑

表 2-1-4　台灣單體（Monomers）生產廠家表

產品 Product	生產廠家 Producer
氯乙烯 VCM	台塑 FPC
	台氯 TVCM
苯乙烯 SM	國喬 GPPC
	台苯 TSMC
	台化 FCFC
己內醯胺 CPL	中石化 CPDC
丙烯（月青）AN	中石化 CPDC
	台塑 FPC
純對苯二甲酸 PTA	中美和 CAPCO
	台化 FCFC
	杜邦遠東 DPFEP
	東展 TUNTEX
環氧乙烷 EO	中纖 CMFC
	東聯 OUCC
乙二醇 EG	中纖 CMFC
	南中石化 Nan Chung
	南亞 NAN YA
	東聯 OUCC
甲基丙烯酸甲酯 MMA	高塑 KMC
	台塑 FPC
三聚氰胺 Melamine	台肥 TFC
	長春 CCP
二異氰酸酯 MDI	台穎 AFINO
環氧氯丙烷 ECH	台塑 FPC
醋酸乙烯 VAM	大連 DAIREN
乙醛 Acetaldehyde	李長榮 LCY

甲醛 Formalin（37%）	李長榮 LCY
	長春 CCPLA+CCP
異戊四醇 Pentaerythritol	李長榮 LCY
丙烯酸酯 Acrylates	台塑 FPC
丙烯酸 Acrylic Acid	台塑 FPC
丙烯醯胺 Acrylamide	長春 CCP
1,4-丁二醇 1,4-Butanediol	大連 DAIREN
	南亞 NAN YA
	台泥化工 TCC
順丁烯二酐 MA	成國 GUCC
	台合 TASCO
（酉夫）酸酐 PA	聯成 UPC
	台穎 AFINO
	油源 TOPC
	南亞 NAN YA

資料來源：中華民國的石化工業年鑑

表 2-1-5　台灣塑膠（PLASTICS）生產廠家表

產品 Product	生產廠家 Producer
低密度聚乙烯／乙烯-醋酸乙烯共聚合物 LDPE/EVA	台聚 USI
	台塑 FPC
	亞聚 APC
高密度聚乙烯 HDPE	台塑 FPC
線型低密度聚乙烯／高密度聚乙烯 LLDPE/HDPE	台聚 USI
	台塑 FPC
聚氯乙烯 PVC	台塑 FPC
	華夏 CGPC
	大洋 OCEAN
	大穎 DAHIN

	福聚 TPP
聚丙烯 PP	台化 FCFC
	台塑 FPC
	台塑 FPC
	奇美 CHI MEI
	台達 TAITA
	必詮 BC CHEM
	高福 KAO FU
聚苯乙烯 PS	國亨 GPPC CHEM
	台化 FCFC
	長興 ETERNAL
	英全 ENG CHUAN
	其他 OTHERS
	奇美 CHI MEI
	台達 TAITA
ABS 樹脂 ABS	國喬 GPPC
	台化 FCFC
	大東 EASTERN
聚乙烯醇 PVA	長春 CCP
聚醋酸乙烯 PVAC	長春 CCP
聚縮醛 POM	台灣寶理 PTW
	台塑 FPC
丙烯醇 Allyl Alcohol	大連 DAIREN
聚四亞甲基醚二醇 Polytetvamethylene Ether Glycol（PTMEG）	大連 DAIREN
聚碳酸酯 PC	台化 FCFC
	旭美 CHIMEI-ASAHI
環氧樹脂 Epoxy Resin	長春 CCP
	南亞 Nan Ya

資料來源：中華民國的石化工業年鑑

表 2-1-6　台灣溶劑（Solvents）生產廠家表

產品 Product	生產廠家 Producer
丙酮 Acetone	長春 CCP
	李長榮 LCY
	台化 FCFC
	信昌 TPCC
醋酸丁酯 Butyl Acetate	長春 CCP
醋酸丙酯	長春 CCP
醋酸乙酯 Ethyl Acetate	大連 DAIREN
	李長榮 LCY
異丙醇 IPA	李長榮 LCY
丁酮 MEK	台合 TASCO
	李長榮 LCY
甲基異丁基酮 MIBK	李長榮 LCY
二甲基甲醯胺 DMF	台化 FCFC

資料來源：中華民國的石化工業年鑑

表 2-1-7　台灣工業化學品（Industrial Chemicals）生產廠家表

產品 Product	生產廠家 Producer
冰醋酸 Acetic Acid	長春 CCP
	中石化 CPDC
聚丙二醇 PPG	拜耳 Bayer
	台灣陶氏 DOW
酚 Phenol	台化 FCFC
	信昌 TPCC
	長春 CCP
丙二酚 BPA	南亞 Nan Ya
	信昌 TPCC
	長春 CCP
甲基第三丁基醚 MTBE	台合 TASCO
	台塑石化 FPCC

	台塑 FPC
環己酮 Anone	信昌 TPCC
橡膠化學品 Rubber Chemicals	優品 Uniroyal
聚合物安定劑 Polymer Stabilizer	優品 Uniroyal
液氨 Ammonia	台肥 TFC
	長春 CCP
碳煙 Carbon Black	中橡 CSRC
氯化蠟 Chlorinated Paraffin	新和 Handy
異辛醇 2EH	南亞 Nan Ya
（酉夫）酸二辛酯 DOP	聯成 UPC
	南亞 Nan Ya
	油源 TOPC
	大穎 Dahin
雙氧水 Hydrogen Peroxide	長春 CCP
正烷屬烴 n-Paraffin	和桐 HTCC
尿素 Urea	台肥 TFC
非離子界面活性劑 EDO	磐亞 APCC
	中日合成 Sino-Japan
	穩好 EN HOU

資料來源：中華民國的石化工業年鑑

表 2-1-8　台灣合成橡膠（Synthetic Rubbers）生產廠家表

產品 Product	生產廠家 Producer
苯乙烯丁二烯橡膠 SBR	台橡 TSRC
	奇美 Chi Mei
聚丁二烯橡膠 BR	奇美 Chi Mei
	台橡 TSRC
熱可塑性橡膠 TPE	台橡 TSRC
	李長榮 LCY
	奇美 Chi Mei
（月青）橡膠	南帝 Nantex

資料來源：中華民國的石化工業年鑑

產業的發展歷程

　　台灣石化工業的發展，自 1957 年台塑公司開始生產 PVC 原料開始萌芽，2005 年石化工業產值已經突破兆元，寫下歷史新高紀錄，被國際讚為「石化王國」之美譽。

▲早期台塑公司生產塑膠粉的情景　　▲早期台塑公司以牛車運送塑膠粉的情景

圖 2-1-2　民國 45 年台塑公司生產塑膠粉及以牛車運產品的情景
（資料來源：化工學會）

　　回顧往昔台灣的石化工業發展軌跡，從 1968 年一輕完工以來，石化工業的發展從下游加工業至建立輕油裂解廠以及中游的中間廠商開始，逐漸形成一套完整的由下而上逆向整合的石化體系；在此期間，政府扮演石化工業發展的主導著，從保護幼小的石化業開始，並藉著四年經建計畫與十大建設等國家政策來推動其成長，再加上出口

導向的貿易政策，使得台灣石化製品的市場迅速擴大。根據化工學會[2]的報告分析指出，台灣石化產業之發展歷程共分為五個階段：

一、萌芽階段

由民國五十七年至六十一年間以建立第一輕油裂解工場、第一芳香烴工場為中心，年產乙烯五萬四千公噸、苯三萬七千公噸。此階段中主要的石化產品有聚乙烯、氯乙烯、DMT、聚酯纖維等，大宗的石化原料仍以進口為主，政府曾積極鼓勵民間參與投資設廠，但當時國際傾銷壓力甚大，業界多持觀望、摸索的態度，故進程遲緩。不過，第一輕油裂解廠的開工曾被譽為帶領台灣石化工業進入『起飛』階段。

二、發展階段

這是由民國六十二年至七十二年間。這段期間受到兩次能源危機之衝擊，國內經濟衰退，惟因政府積極推動十大建設，石油化學為其中之一，先後完成了以頭份乙烷裂解工場為中心之「頭份石化工業中心」，以第一、第二輕油裂解工場為中心之「仁大石化工業中心」，以及以第三輕裂工場為中心之「林園石化工業中心」。此階段為進口替代期，不但提供了充沛的石化原料，種類也日趨繁多，石化產品日漸多元化，國內石油化學工業之整體架構，於此階段大致完成。以石油化學工業區為中心之網路系統，遂形成完整的生產、供銷體系。不但

---

[2]　引用飛躍的半世紀：化工學會 50 週年紀念特刊＝Better Living Through Chemical Engineering/ 呂維明總編輯。第一版，臺北市，民 92，P185-6。

如此，國外資金與技術的湧入也進一步提升了國內石油化學工業的水準。

在此一時期，下游加工業蓬勃發展，出口創匯，對石化原料需求孔急。因此為加快原料供應，乃將三輕比照二輕幾忽是照抄，以加快建廠腳步。

三、穩定成長階段

接著，在民國七十三年至七十六年間，隨第四輕油裂解及第四芳香烴工場的完工投產，使國內石化原料供應充裕，價格穩定。但是此期間由於中東產油國也介入了石化原料的生產，造成激烈競爭。世界上各石化生產大國相繼停工減產。在此一時期，產油國投資建石化廠，利用原料優勢在國際市場拋售石化原料，成了業界憂心的課題。

四、發展受阻階段

這是由七十六年至八十年間，導因於環保抗爭與環保意識高漲，社會普遍認為石油化學工業耗能且污染嚴重，致對其持續發展形成阻力，且由於地方人士之排斥、抗爭等激烈環保運動，甚至政治力之介入，造成第五輕裂及第六輕裂計畫之強大阻力與延滯。此時由於設備老舊，頭份之乙烷裂解及第一輕裂工場，相繼停工，因之，石油化學基本原料供應減少，景況低迷，不少下游業者紛紛外移。國內石油化學工業進入艱難期。經過千辛萬苦，排除環保抗爭，並付出龐大的回饋金，五輕廠才得以在民國83年完工投產。

五、後續發展階段

係八十四年以後迄今，此期間台灣中油公司和東帝士集團推動八輕、七輕計畫，惟一直延宕不前。八輕計劃廠址一直無法定案，在屏東、嘉義布袋、彰化、雲林等地轉。到九十二年中，中油列為最愛的屏東眼看無望，乃把焦點轉向彰化與雲林。至於七輕計劃，也經過 7 年的奮鬥，於 88 年底通過最終環評。惟因東帝士集團財務困難，本案幾已胎死腹中。台塑六輕之投產是此階段最重要的成就。六輕計劃也經過 13 年的奮鬥，才在麥寮落腳，於民國八十七年及八十九年先後完成第一及第二輕裂廠，乙烯年產能高達 135 萬公噸。其中一輕於九十一年第四季完成去瓶頸，提高產能。台塑又續推展六輕三期計畫及四期計劃，產能規模更為擴大，預計 2007 年台塑石化乙烯總產量將突破 290 萬公噸。

台灣地區石化業的發展歷經五十餘個年頭，迄今已臻成熟境界。其經由「逆向整合」的方式，由下游加工業開始發展，逐漸產生對於中上游石化產品的需求，因而建立起我國石化業上中下游之完整體系的發展模式，向為世界其他國家發展石化業參照之楷模；惟近年來受到國際經濟景氣巨幅震盪、國內勞工短缺、工資及地價飆漲、勞工及環保意識抬頭與建廠土地難覓等諸多問題，使石化下游加工業面臨成本提高，並在可能喪失國際競爭力的考量下，紛紛外移他國另闢生產基地，這些問題值得關注。

表 2-1-9　台灣石化產業發展歷程彙總表

發展階段	階段特性	發展概要
萌芽階段 （57 年~61 年）	◆ 進口原料加工	◆ 政府曾積極鼓勵民間參與投資設廠 ◆ 第一輕油裂解廠的開工，帶領台灣石化工業邁向高度發展
發展階段 （62 年~72 年）	◆ 進一步發展下游加工 ◆ 中上游原料自製	◆ 受到兩次能源危機之衝擊，國內經濟衰退 ◆ 政府積極推動十大建設，石油化學為其中之一 ◆ 進口替代期，不但提供了充沛的石化原料，種類也日趨繁多，石化產品日漸多元化 ◆ 國外資金與技術的湧入，進一步提升了國內石油化學工業的水準 ◆ 下游加工業蓬勃發展
穩定成長階段 （73 年~76 年）	◆ 進一步提高原料自給率 ◆ 尋找新投資機會	◆ 國內石化原料供應充裕，價格穩定 ◆ 中東產油國介入石化原料的市場，造成激烈競爭
發展受阻階段 （76 年~80 年）	◆ 環保抗爭產能擴增困難	◆ 環保抗爭與環保意識高漲，石化產業發展形成阻力 ◆ 石油化學基本原料供應減少，景況低迷，不少下游業者紛紛外移
後續發展階段 （80 年~96 年）	◆ 國際競爭增強 ◆ 民營化、國際化、高值化、多角化、合併	◆ 第一家民營化輕油裂解廠（台塑六輕）投產 ◆ 台塑企業乙烯總產能將增

| | | 加七成，突破 300 萬公噸；台塑企業投資超過 1,000 億元的第五期擴建工程，預計 2010 年完工投產，該案乃偏重於煉油及電子級化學品。
◆ 中油公司與業者籌組成立國光石化科技公司
◆ 三輕更新計畫已於2006年 12 月 18 日順利完成公開說明會，該計畫邁入一個新的里程。
◆ 台塑與中油成為台灣石化產業雙強抗衡的局面 |

資料來源：化工學會與中華民國的石化工業年鑑

六、產業未來概況預估

　　有關台灣石化產業未來概況預估，根據經濟部工業局對 2008 年及 2010 年之未來石化工業概況進行預測（如附表 2-1-10）。

表 2-1-10　我國石化工業未來概況預估

項目＼年度	2008 年	2010 年	備註
廠家數（家）	52	54	統計資料以「石油化工原料業」、「合成樹脂及塑膠業」及「合成橡膠業」等三業別為主。
從業人員（人）	36,000	38,000	
年產值（新台幣億元）	11,800	13,300	
乙烯年產能（萬噸）	434	511	
乙烯需求量（萬噸）	455	511	
乙烯自給比率	95%	100%	
研究發展經費占營業額比率	1%	1.2%	

資料來源：經濟部工業局 2005 年

　　預估未來台灣石化工業其成長主要來自台塑集團六輕四期擴建計畫之投入及投資超過 1,000 億元的第五期擴建工程，預計 2010 年完工投產，該案乃偏重於煉油及電子級化學品。台灣中油公司方面，主要為三輕更新計畫之投產及國光石化八輕計畫之籌建，以石化上游輕油裂解廠之投產作為相關經濟數值成長之指標。

產業政策之演進

一、政策分析

　　台灣石化產業在幾十年的發展後已建立起緊密的上、中、下游體系，因此，即便政府獎勵措施轉向高科技產業，然而業者的投資計畫仍舊不間斷，並且投資額屢創新高。此外，由民間企業台塑集團所投資的六輕計畫，耗資新台幣 6,000 億台幣[3]，仍可於國內石化業生存環境日益艱難的景況下成立，顯見國內石化業已具備獨立生存的條件，不必和其他行業一樣，在政府的保護下生存。

　　過去政府曾採取獎助工程塑膠和關鍵性石化原料業的發展策略，已便國

---

[3]　台塑企業集團在雲林麥寮離島工業區投資的六輕暨其擴大計畫，總投資金額高達 6,000 億元 2005-04-06／經濟日報／第 32 版。

內業者逐漸往此方向積極發展，除了可解決國內目前這些高技術層次原料都必須仰賴進口的問題外，還可經由自產品成本的降低，提升下游業對外競爭能力．帶動國內包括機械、電子、資訊等下游業的蓬勃發展，再回頭提高原料需求量，便上、下游體系形成良性擴增的互動模式，而這也是政府目前採取此項政策的主要目標（中華徵信 1994）。

　　然而隨著國內環保意識的抬頭，政府環保要求的標準日趨嚴格，致使業者在投資擴廠或新建的過程中飽受阻撓與困擾。根據郭肇中等的研究發現，目前業者最難以解決的問題在於國內環保意識高漲，石化業在設廠上所需之用土地、水、三廢排放，甚至是二氧化碳排放上均受限，部分地方政府及民眾亦不歡迎石化廠之投建，高廠（五輕）搬遷亦作成政府承諾，至於遷到何處，從屏東八輕、嘉義八輕到現在的雲林石化科技園區之規劃，現已僅剩 10 年的時間。目前較適合石化設廠之廠址應為雲林離島工業區，該工業區已完成工業區環評，用水亦有集集共同引水計畫供應較無問題，雲林縣政府亦支持相關基礎工業之投資以促進地方發展，現有台塑大煉鋼廠及雲林石化科技園區兩大投資案爭相進駐（郭肇中等 2005）。

　　綜上而言，建廠土地取得不易，土地成本偏高，政府的環保標準逐漸趨嚴，加上又有當地民眾環保抗爭肆機索財等因素，造成業者不知所措，也阻礙台灣石化產業之發展前景。

二、政策動向

　　基於國內經濟的特性、資源及環保等，政府對於國內大規模擴充輕油裂解廠的設置問題，曾提出改由鼓勵民間業者到油氣生產國投資設廠，石化原料再運回國的作法。該政策方向之落實首步曲係為中油

興建五輕以便淘汰一、二輕，而一二輕也已暫停營運。以目前國內重大的輕油裂解廠投資計畫來看，不論是七輕、甚至八輕（國光石化科技）[4]及台聚與石化公會會員輕裂廠投資計畫……等，都將可能採由民間興建或公民營共同投資，而非是國營事業的獨資。除目前除已陸續完工的台塑六輕計畫外，由東帝士集團主導的「七輕計畫」、中油及民營業者共組的國光石化投資案「八輕計畫」，都在持續的推動中，一旦上述輕油裂解廠計畫完成，則我國石化業將成為公民營混合經營並相互競爭的態勢，這與以往的國營事業經營煉油及石化基本原料而民營企業發展中下游產品的面貌。有截然不同的市場結構。而這都是政府相關機構的政策措施的結果所致。

此外，在國內投資地點的選擇上，由於政府在綜合評估後，已選定雲林離島工業區作為未來發展包括石化工業、鋼鐵工業等重化工業在內的地點，因此，過去依附在大高雄仁大工業區、林園石化工業區附近的中、下游石化加工廠商未來也將順勢北移，使未來的20~25年之後，雲嘉地區成為國內規模最大的石化工業上、中、下游工業重鎮，這也是因政府政策主導國內石化工業發展的重要典型之一（中華徵信 1994）。

另外，近年來我國石化產業業者也面臨許多的衝擊，例如來自其他國家的石化原料之傾銷及我國石化中間原料關稅多降至 5%以下，在此內外夾擊的景況下，業者營運日趨困難。歷年來經濟部工業局曾

---

[4] 國光石化投資案在資本額分佈方面，其中雲林園區投資金額為 4005 億元，由中油投資 43%、遠東集團 20%、長春集團 20%、中纖 9%、富邦金創 4%、和桐 3%及磐亞公司 1%。國光石化園區攸關國內石化業下階段的續航力，中油主導的國光案，有 4005 億元預定在雲林離島工業區（有關投資額分佈圖請詳見圖 1）；也將與阿拉伯聯合大公國合作建置中東園區，投資金額約合新台幣 2000 億元。（石化工業 27 卷第 8 期，p12）

制訂出之具體的石化業發展政策及輔導措施（表請詳見表 2-1-11），
以策略性之政策做為發展石化工業的基本藍圖與方針。

表 2-1-11　歷年來經濟部工業局石化產業政策之演進之對照表

1993 年制訂	1999 年制訂
1993 年經濟部工業局制訂出之具體的石化業未來 10 年發展政策及輔導措施，冀期我國石化業發展呈現出更自由化、競爭化的藍圖。相關政策內容如下：	1999 年經濟部工業局制訂出之石化工業發展策略與措施其藍圖容如下：
發展政策	**發展政策**
1. 產品以支援國內中、下游產業需求為主要目標，為提供中、下游產業穩定之料源，應適度擴大規模，提高自給率至 7 成以上。 2. 調整產品結構，鼓勵生產附加價值高之特用化學品及工程塑膠等。通用塑膠及合成纖維原料以維持經濟成長需要為主，不鼓勵直接外銷。 3. 鼓勵業者自國外引進技術推動國內產業自行研究發展，以提升產品品質及研發新產品製造技術，促進石化業技術升級。 4. 產業發展兼顧環境保護及工業安全，新設工業區或工廠需有高水準之環保及工安設施，舊有工廠亦配合國家標準之修訂，逐步提高環保標準。 5. 協助現有石化業者整合設置或購置輕油裂解廠，自行建立產銷體系，以提升競爭力。 6. 舊廠加強節約能源，提高能源使用效率；新設廠應單獨或聯合設置器電共	1. 支援國內中、下游產業發展必要需求為原則，適度擴大規模。 2. 調整產品結構，生產高附加價值產品。 3. 推動研究發展，提昇產品品質，建立技術能力。 4. 兼顧環境保護及工業安全。 5. 節約能源，提高能源使用率。 6. 加強港口碼頭儲運設施，便利原料運輸。

生，以自備能源。 7. 國營事業配合油品自由化趨勢，調整其經營範圍，將煉油及石化原料分開經營。	
輔導措施	**輔導措施**
1. 規劃設置離島式基礎工業區，提供大面積用地，供業者開發設廠，並提供財務融資，建設工業港及興築聯外道路、埋設洪水管線等基礎建設。	1. 規劃設置石化工業區，提供大面積用地，供業者規劃與開發。
2. 關鍵性化學品及工程塑膠列為「促進產業升級除例」獎勵之重要科技事業，並依「交通銀行辦理策略性工業及重要工業中長期貸款要點」規定，予以低利貸款。	2. 對於建設工業港、建聯外道路、設置綠帶及埋設供水管線等基礎設施，提供融資。
3. 以鼓勵民間事業開發工業新產品辦法及主導性新產品開發輔導辦法，支援業者研發新製程及新產品。	3. 關鍵性化學品及工程塑膠列為「促進產業升級除例」獎勵之重要科技事業，並依「中長期資金運用策劃及推動要點」規定，協助申請長期資金貸款。
4. 對不易取得技術之重要化學品，以經濟部科技專案委託工業研究機構進行研究開發，移轉業者使用。並以工業局專案計畫協助業者開發生產，提升品質、提高生產效率及培養專業人才。	4. 對不易取得技術之重要化學品，以經濟部科技專案委託工業研究機構進行研究開發，移轉業者使用。並以工業局專案計畫協助業者開發生產，提升品質、提高生產效率及培養專業人才。
5. 以租稅金融獎勵措施及技術輔導，協助石化工業進行環保改善工作，建立化學災變監測及防治技術，並推動工業區設置隔離綠帶及建立監測系統。	5. 輔導石化下游及加工業技術升級，生產高附加價值產品。
6. 以經濟部汽電共生系統推廣辦法」，推廣使用汽電共生設備。並以經濟部能源服務團與工業局工業能源節約輔導計畫輔導業者改善製程，減少能原用量，並開發省能源設構，提供業者使用，	6. 以「鼓勵民間事業開發工業新產品辦法」、「主導性新產品開發輔導辦法」、「科技專案計畫」、「促進企業開發產業技術辦法」，支援業者研發新製程及新產品。
7. 培育石化工業程序設計、工程設計及整廠製造能力。	7. 以工業局專案計畫協助業者開發新產品、提升品質、提高生產效率及培養專業人才。
	8. 培育石化工業製程設計、工程設計及整廠製造能力。
	9. 建立石化工業上中下游產業資訊系統，以利業界瞭解產業動態。
	10.以資金獎勵措施及技術輔導，協助石化工業進行環保改善工作，建立化學災變監測及防治技術，並推動工業區設置隔離綠帶

	及建立監測系統。
	11. 以工業局「清潔生產技術及 ISO-14000 推廣計畫」，推動清潔生產技術、工業減廢技術，並協助石化業者取得 ISO-14000 認證。
	12. 以經濟部「氣電共生系統推廣辦法」，推廣使用氣電共生設備。
	13. 利用經濟部能源服務團隊輔導業者改善製程，節約能源用量，並開發省能設備，提供業者使用。
	14. 協助石化業研提「自發性節約能源行動計畫」，提升能源使用效率。
	15. 提供業者優惠融資，協助興建工業港及石化碼頭。

資料來源：經濟部工業局，作者自行整理。

三、石化工業之大陸政策

近年來，許多國內石化下游廠家基於廉價工資及廣大潛在商機，紛紛將工廠移往中國大陸，甚至部分的石化中游廠家也在大陸當地投資設廠。經濟部工業局在徵詢各方意見及審慎評估後，乃提出「石化工業之大陸政策」，為兩岸石化業互動關係制訂出一套運作規範：

一、赴大陸投資：符合下列原則之產品可同意赴大陸投資。

(一) 國內產量過剩（5 年內都過剩）已無發展空間之產品。

(二) 雖未在國內生產欲赴大陸投資之產品，但屬同一上中下游之業者，現有產品已在國內進行相關投資，赴大陸投資對其產品之產銷調節有幫助者。

(三) 產品在國內仍有發展空間者，應先在國內進行相對金額或產量之投資，方准赴大陸投資。

二、赴大陸技術合作：國內已成熟及非關鍵性技術，可同意赴大陸技
　　術合作。

三、間接進口：國內尚未生產或嚴重不足之產品，可開放間接進口，
　　將來如國內開始生產並滿足國內需求，則中止間接進口。

四、引進技術：引進大陸技術不予限制。

五、經濟部八十二年十二月二十八日，修訂之「在大陸地區從事投資
　　或技術合作項目審查原則」中，對於廠商所申請之大陸投資案件
　　之准駁，依「准許類」、「禁止類」、「專案審查類」等明定審查原
　　則為：

　(一) 准許類：原則准許，但有下列情形之一者得予駁回：

　　1、投資金額過於龐大，對國內經濟造成不利影響者。

　　2、投資人接受政府補助開發之新產品或技術。

　　3、股票上市公司，其在大陸地區投資累積金額超過公司實收資
　　　本額或淨值之一定比率者。

　　4、上市（櫃）公司，申請以現金增資或募集公司債（含海外公
　　　司債）赴大陸地區投資者暨未上市（櫃）公司，依規定提撥
　　　發行新股總額一定比率對外公開發行者。資金用途如有迂迴
　　　對大陸投資者，亦同。

　　5、凡未依勞基法及相關法規結束國內全部業務，而移轉至大陸
　　　地區投資者。

　(二) 禁止類：一律禁止。

　(三) 專案審查類：原則禁止，但符合下列情形者，得予專案核准：

　　1、對國家安全及經濟發展無不利影響者。

　　2、在台灣地區投資之事業繼續維持正常營運者。

3、在大陸地區投資計畫規模未超過台灣地區現有事業規模之一定比率者。該比率由目的事業主管機關另訂之。

4、符合目的事業主管機劾依個別產業特殊情況認定之條件者。

綜合上述，石化中下游業者得以依據石化工業之大陸政策有關規定，前往大陸投資設廠，而石化上游（輕油裂解廠）赴大陸投資則尚未解禁。根據台灣區石化公會理事長周新懷指出[5]，我國石化上游之開放登陸，是推動國際化之一環，大陸石化市場之潛力大，業界咸認應適時在大陸市場卡位；設立輕油裂解廠可與國內先前已外移設廠的中下游業者結合，發揮群聚效應，因此會持續向政府相關單位提陳建言與說帖，並澄清及消除上游登陸會造成產業空洞化與資金失血等的疑慮。

惟政府因兩岸政治意識型態之差異，至今對於開放業者前往中國大陸設置輕油裂解廠仍有疑慮，因此該投資項目仍被列於「禁止類」。

四、近年來產業景況分析

2000 年政黨輪替之後，在多項政治變異因素的影響下，包括石化工業在內的傳統產業景況震盪起伏，廠家經營上面臨了嚴峻的考驗，多數獲利不理想。兩岸即將進入 WTO 之際，業者籲政府應開放到中國大陸籌設輕油裂解廠之禁令。而環保署之開徵土壤及地下水污染整治基金，亦為國內石化業的一大夢魘。我國石化產品平均進口關稅在 5%之下，對本土業者幾乎不再具有保護作用。京都議定書成為全球矚目焦點，國家能源政策備受關切。

---

[5] 石化公會 93 年度會員代表大會獻詞／2005 年 8 月 18 日。

　　2000 年，台灣在政策面，由於兩岸即將進入 WTO 之際，因此業者籲政府應開放到中國大陸籌設輕油裂解廠之禁令；石化工業面臨的重要課題二輕與高雄煉油廠之就地更新案。但在首次政黨輪替後，政經情勢混亂，包括石化工業在內的傳統產業景況震盪起伏，廠家經營上面臨了嚴峻的考驗。次年公會及業界致力說服政府與地方民眾取消 25 年遷建的政策承諾，讓高雄煉油廠繼續扮演石化基本原料供應者之角色。惟在環保人士的反對聲浪下，仍無法促成，另外，環保署之開徵土壤及地下水污染整治基金，亦為國內石化業的一大夢魘，種種因素造成台灣經濟發展遭遇到前所未有的困境，全年經濟成長率為負 1.9%，係屬歷年來前所未見，石化工業之發展也趨緩。

　　2003 與 2004 年，國內外環保意識高漲，對石化工業業者而言，可謂內憂外患，2003 年中油公司也規劃了三輕、四輕、五輕的更新與產能擴增但因與廠區週圍居民的溝通無法達成最後協議，因而中斷。第二季又逢 SARS 疫情蔓延大受影響，經濟活動萎縮。還好第三、四季石化產品售價攀揚，廠家營運轉佳。2004 年京都議定書成為全球矚目焦點，國家能源政策備受關切，也為石化工業是否能永續發展投下變數。

　　2005 年，政府於六月召開全國能源會議，即是反應京都議定書的效應，該次會議匯集全國各界對能源政策和產業政策的意見，會中並針對未來產業發展達成了多項共識，對於降低二氧化碳的比例，恐成為產業必須面對的事實。該年在產業發展景況方面，石化工業已成兆元產業，在南部的大發工業區與中部的麥寮工業區，龐大新石化計畫正在緊鑼密鼓地執行，充分彰顯了石化工業的動能十足，惟面對未來的產業前景，政府政策仍是主要關鍵之一。

　　2006年台灣經濟成長率為4.30%，略高於前一年，平均國民所得首次站上15000美元。環顧過去一年來台灣內外政治情勢之險峻，政情不穩、可說是內憂外患；在野黨對政府預算之杯葛，幾使整個政府空轉。在石化發展方面，由於環保抗爭，大部份仍原地踏步，僅有一些施工中的個案陸續進行中，惟台灣中油公司的三輕更新案已完成公開說明會是可喜之事。

　　在石化景氣方面，台灣石化工業的景氣高峰由2005延續迄今，2006年全年石化廠家之獲利率仍然亮麗，由於市場上對石化品供需趨於窘迫，部分產品價格的上揚，生產廠家仍獲利可觀。

　　台塑集團2006年共發放1400億元的股利，顯見公司營運獲利相當好。另外，台灣中油公司的乙烯計價公式首以採用「平準基金」模式，除將現行採歐洲乙烯合約價、美國乙烯合約價、韓國合約價及亞洲現貨價分占不同比例的公式，改為降低歐美比重，加重亞洲現貨價占比外，增加當下游的聚乙烯（PE）與原料乙烯的國際價格，相差超出某一個範圍後，公式中增一個調整權數。石化基本原料計價一直是中油體系廠家購售雙方的爭議焦點。

　　2006年台灣乙烯總產量為289萬公噸，較前一年略減0.4%，國內最重要的發展是台塑六輕四期建設順利進行，已接近機械設備完工階段，乙烯總產能將提增120萬公噸。中油三輕更新案，在政府積極支持下，經與廠區附近民眾艱難之溝通，終於完成法定的公開說明會，進入實際環評階段。至於國光石化科技新計畫，籌備之路尚相當艱辛，也考慮建廠地點備案，包括赴中東地區設廠。

　　石化工業面臨的新難題諸如擬議中的能源稅課徵，溫室氣體管制法之實施，廢水、廢棄物付費，地方回饋基金之負擔，與揮發性有機物排放費之開徵等，將造成廠家生產成本提高。

　　展望未來，台灣石化工業的成長仍可期，中油三輕更新、台塑六輕續擴建第五期與國光石化建廠在未來的數年可望完成。由於全球經濟仍舊強勁，市場需求旺盛，中東的產能也將延遲開出，還有一些原計畫 2010 年投產的設備亦遲延，故供需平衡仍可維持良好平衡。

第二章　台灣石化上游工業的發展與政策變遷

輕油裂解廠的角色

　　輕油裂解廠在我國石化產業發展過程一直扮演著關鍵角色之一，也是維持並持續該產業的結構必要基礎。尤其在台灣經濟發展之初，政府為促進石化下游進一步發展與提高競爭力，因此將資金昂貴風險性高的石化上游由政府來籌設與經營，以便提供中、下游業者所需的石化基本原料；在兩次的能源危機過程中，並以產銷秩序、關稅保護等措施，讓石化產業得以有良佳的發展環境。三十多年來證明，石化產業從無到有的高度發展與輕油裂解廠的設立息息相關。惟近年來因為諸多因素，致使我國輕油裂解廠的發展緩慢，新建受阻。

　　以下將從角色、發展過程、現況及展望等面向，對我國輕油裂解廠之發展與展望略做分析：

一、角色

　　根據中研院研究員瞿宛文的說法，石化工業包括了上游的輕油裂解，以及其產品的進一步處理加工部份，這產業的規模通常是以輕油裂解的主要產品－乙烯－的產量為衡量的指標。因此，就這準則而言，台灣的石化工業是在第一個輕油裂解廠（一輕）1968 年開始運轉之時正式開始的。輕油裂解廠的主要產品乙烯是不易運輸，或說運費相當昂貴，因此各國生產出來的乙烯通常是供當地消費，同時生產要考量經濟規模以及技術關連性。輕油裂解廠的產品包括乙烯、丙烯等烯烴系列產品，而這些產品也最好能經由管線，直接輸往中游的工廠進行進一步加工，因此上游與中游生產連結性高，投資計畫通常要一起協調進行。

　　另外，工業局郭肇中先生在其報告中指出，石化工業屬資本及技術密集產業，多為大規模續流式製程，為了原物料及公用物資之取得便利，工廠具群聚性。我國石化工業可分為位於高雄地區之中油體系及雲林離島工業區麥寮區之台塑體系，兩體系在發展上可以 83 年五輕投產／六輕造地為轉折點，台塑集團六輕相關計畫目前在乙烯產能已超過中油體系，具經濟規模及整合優勢，中油體系在高雄地區發展遭遇瓶頸多年，中油公司高廠（五輕）轉型計畫再遭民意抗爭，進展有限，現另尋出路，成立國光石化科技股份有限公司（八輕）投資雲林石化科技園區，而在大陸高經濟發展下之大陸石化缺口確實是我國石化業之再發展機會，亦是發展高值化石化品之契機。

表 2-2-1　我國石化基本原料產能及擴增計畫

單位：千公噸

產品	生產廠家	現有年產量（2007.4）	擴建計畫後	
			總產能	完成日期
烯烴 Olefins				
乙烯 ethylene	中油 CPC	1,080	1,850	2010
	台塑石化 FPCC	1,735	2,935	2007 年底
丙烯 Propylene	中油 CPC	725	1,621	2010
	台塑石化 FPCC	1,817.5	2,467.5	2007 年底
丁二烯 Butadiene	中油 CPC	173	308	2010
	台塑石化 FPCC	271	447	2007 年底
正-1-丁烯 Butene-1	台合 TASCO	20		
正-1-丁烯 Butene-1	台塑 FPC	32		
芳香烴 Aromatics				
苯 Benzene	中油 CPC	492	582	2008
	台化 FCFC	740	1,140	2007
甲苯 Toluene	中油 CPC	73		
	台化 FCFC	20		
混合二甲苯 MixedXylene	中油 CPC	12		
對二甲苯 P-Xylene	中油 CPC	560	700	2008
	台化 FCFC	850	1,570	2007
鄰二甲苯 O-Xylene	中油 CPC	130	180	2008
	台化 FCFC	290	410	2007

資料來源：中華民國的石油化學工業年鑑 2007

二、台灣輕油裂解廠的發展過程

台灣石化產業從 1968 年 5 月中油公司第一輕油裂解廠完工以來，石化產業的發展從下游、中游至上游逐漸形成一套完整的逆向整合的石化體系。位於高雄的一輕完工，乙烯產能 54,000 公噸／年，除開啟我國生產石化基本原料的新頁，並將產出之乙烯全數供作台灣聚合及台灣氯乙烯兩家公司生產 LDPE 及 VCM 之用。1970 年接續完成第一芳香烴設備，生產苯、甲苯及二甲苯等石化基本原料，芳香烴日煉量達 3,000 桶，次年擴充為日煉量 6,000 桶。此舉為我國石化產業奠定蓬勃發展的基石。

嗣後在政府有系統、計畫之推展下，配合當時十項建設計畫，繼續規劃第二及第三輕油裂解廠的籌建計畫。1975 年 9 月中油公司第二輕油裂解廠完工，生產石化基本原料有乙烯產能 230,000 公噸／年、丙烯 10,5000 公噸／年及丁二烯 35,000 公噸／年，1976 年中油第二芳香烴設備完成，芳香烴日煉量達 6,000 桶。

第二輕油裂解廠除延續一輕為滿足原料需求之要角外，更提升為將「低價」油品進口，出口「高價」值之石化產品之角色，特別是在第一次石油危機之際，發揮該廠的功能。惟因二輕年產乙烯僅 23 萬公噸，規模不大，因此造成完工後一、二輕總產能仍無法滿足中下游之需求。嗣後三輕、四輕、五輕陸續完工後，第二輕油裂解廠也功成身退，停工不再生產。

台灣中油第三輕油裂解廠及第三芳香烴設備則完工於 1978 年，生產規模係與二輕完全相同。三輕完成後，中油三座輕油裂解廠之乙烯總產能達到 568,000 公噸／年，在亞洲區生產規模已超越韓國僅次於日本。

　　1979 年中油進一步規劃第四輕油裂解廠籌建計畫，規模為乙烯產能 385,000 公噸／年、丙烯 230,000 公噸／年及丁二烯 67,500 公噸／年，並於 1984 年 4 月完工投產，致使我國石化基本原料規模再擴大。惟四輕籌建階段歷經石油危機，建廠完工後卻又遭逢環保運動的挑戰，因而發展之路倍感艱辛。另值得一提的是民間石化中間原料企業的群聚力量逐漸發酵，漸漸能夠影響石化產業發展的局勢，此乃是從四輕發展階段開始的。

　　四輕完工的同年 9 月，行政院宣布六年十四項重點計畫，五輕計畫係為其一。五輕計畫的正式名稱為輕油裂解廠更新計畫，主旨乃作為汰換老舊一、二輕而籌建。五輕於 1990 年動工興建，1993 年完工。由於地方人士發動抗爭反彈，因此中油與地方協議於 25 年內陸續遷移高雄煉油廠，嗣後中油提出「高廠轉型計劃案」，但在未獲得後勁鄉親同意前，高廠仍將依照政府承諾在民國 104 年前遷廠。五輕之生產規模為乙烯產能 400,000 公噸／年、丙烯 230,000 公噸／年及丁二烯 67,500 公噸／年，芳香烴設備方面包括苯產能 140,000 公噸／年、甲苯 130,000 公噸／年及二甲苯 110,000 公噸／年。

　　台塑石化中心即一般熟知之六輕，乙烯年產能 45 萬公噸，於 1988 年 11 月經政府核准籌設，1992 年初正式通過環保影響評估，廠址擇定在雲林離島式基礎工業區之麥寮區。1993 年中申請六輕擴大為乙烯年產能 135 萬公頓。第一階段各項建廠工程於 1998 年下半年完工投產，第二階段建廠大部分於 2000 年完成。六輕三期擴建計畫於 2002 年中通過環保評估及政府許可。第一裂解場於 2002 年第 4 季完成去瓶頸提升產能。

　　七輕計畫案截至 2006 年 3 月止，設廠進度仍呈現暫停景況。中油公司於五輕完工後，陸續提出高雄煉油廠轉型為高科技專區、第三輕油裂解廠更新、雲林新石化園區、國光石化科技園區等計畫（有關我國輕油裂解廠發展之沿革，請詳見表 2-2-2）。

表 2-2-2　台灣輕油裂解廠發展編年表

1968 年	◆中油第一輕油裂解廠完工
1975 年	◆中油第二輕油裂解廠完工
1978 年	◆中油第三輕油裂解廠完工
1984 年	◆中油第四輕油裂解廠完工
1990 年	◆中油第五輕油裂解廠動工 ◆中油第一輕油裂解廠拆除 ◆中油第二輕油裂解廠停工
1991 年	◆政府核准台塑六輕計畫案
1992 年	◆政府核准台塑六輕二期計畫案
1993 年	◆中油第五輕油裂解廠完工 ◆中油第八輕油裂解廠計畫案完成簽署協議書
1995 年	◆中油第八輕油裂解廠籌備處成立
1998 年	◆台塑六輕一期完工
1999 年	◆東帝士七輕計畫通過最後環評
2000 年	◆台塑六輕二期完工
2001 年	◆政府核准台塑六輕三期計畫案 ◆政府原則同意石化上游赴大陸投資
2002 年	◆中油高雄煉油廠轉型為高科技專區獲政府同意
2003 年	◆中油籌設雲林新石化園區 ◆台塑六輕三、四期建設開工

2004 年	◆中油決定第三輕油裂解廠更新擴廠
	◆中油雲林石化科技園區宣佈成立
	◆石化業組團考察中國大陸輕油裂解廠投資機會
2005 年	◆中油公司籌劃國光石化投資案
2006 年	中油與民營石化業者合資之國光石化科技公司正式成立
	中油三輕更新案完成公開說明會
	台塑六輕續擴建第五期

資料來源：整理自中華民國的石油化學工業年鑑

乙烯市場回顧與展望

　　Asian Petrochemical Industry in Transition 係為 2007 年「亞洲石油化學工業會議」所預定之主題，此乃石化業界眾所關心的焦點。

　　乙烯市場趨勢通常是石化工業發展榮枯之重要指標。本文內容包括：乙烯原料之性質與用途、全球乙烯發展概述、台灣乙烯原料市場分析及乙烯原料市場之未來展望。

乙烯原料概述

性質

　　乙烯原料係為無色氣體，具高度易燃性，稍溶於水、乙醇和乙醚（有關乙烯原料之物性及化性請詳見表 2-2-3）。

表 2-2-3　乙烯原料之物性及化性

項目	數值或說明
分子式	C2H4
分子量	28.0536 g/mol
液體比重（0°C）	0.610
沸點	-103.9°C
凝固點	-169°C
蒸氣密度*	0.975
自燃溫度	543°C
臨界溫度	9.5°C
臨界壓力（絕對）	744 psi
外觀	無色氣體，帶有甜味及甜氣之窒息性氣體
溶解性	稍溶於水、乙醇和乙醚
危險性	高度易燃，易造成危險性火災和爆炸，在空氣中爆炸濃度範圍為3～36%（體積比）

用途

　　乙烯是石化品中用途最廣、產量最大的產品之一，可用於生產塑膠、樹脂、纖維等原料。由於乙烯原料之儲運必須在高壓低溫條件下，不僅費用昂貴，不具經濟效益，尚且有其安全上的顧慮。因此，除少數國家如日本、美國、南韓等有少量進出口外，世界其餘國家或地區皆少有進出口，都在石化中心內自行使用。

2006 年全球乙烯發展概況

　　儘管 2006 年初，日本政府經貿產業省即預估乙烯需求可能下降，預期需求量仍將較 2005 年下滑 0.7%。惟評等機構 Moody Investor Service 公司則預估，在強勁的經濟成長可望抵消產能擴增的情況下，

亞洲石化產業在未來的景氣依然可望維持穩定。向來乙烯供需景況之變化，時刻牽動石化工業發展之動能，有關 2006 年全球乙烯發展概況如下：

新加坡概況

Shell 推動新加坡乙烯投資計畫

　　Shell 化學公司於 2006 年 7 月底作成最終決定，在新加坡 Bukom 島興建一座世界級乙烯廠及石化中心。這項煉油廠與石化廠一體化整合計畫，將包含就現有的 Bukom 煉油廠進行設備更新，並使用 Shell 自有技術，在 Jurong 島興建一座年產能 75 萬噸乙二醇廠。另外，年產能 80 萬噸乙烯廠之建廠工程已自 2006 年底開始進行，而新廠及更新設備部份並預期在 2009-2010 年完工投產。

南韓概況

南韓廠商擴充乙烯產能

　　目前暫居全球第 3 大乙烯生產國的南韓，計畫在 2007 年使年產能擴增 8%而達到 637 萬 5,000 噸。其中，LG Chemical 公司預定在 2007 年擴增乙烯年產能 54%成為 74 萬噸，Samsung Total Chemicals 公司預定在同期將乙烯年產能擴增 20 萬噸成為 85 萬噸，而 YNCC 公司則預定將第 1 套乙烯裂解廠之年產能由目前的 51 萬噸擴充至 81-85 萬噸。此外，LG Petrochemical 公司於 2006 年 4 月已將乙烯年產能由 76 萬噸擴增至 86 萬噸。上述南韓廠商的積極作為，係因南韓

石化廠商為因應中國市場的需求而積極擴充乙烯產能，未來將面臨來自中東的挑戰。在面對來自中東的激烈競爭，這些廠商有必要透過去瓶頸及設備更新以提升生產效率。

南韓 SK 準備與 Sinopec 合作推動武漢乙烯計畫

南韓 SK 公司正在進行一項與中國 Sinopec 公司合作興建乙烯廠之先期可行性評估工作。這座年產能 80 萬噸之乙烯廠，將座落於湖北武漢地區，可行性評估研究並將評估苯乙烯單體、聚苯乙烯及 ABS 等下游產品之需求。若可行性評估研究能順利完成，預定於 2013-2014 年完工生產，作為中國 Sinopec 公司「十二五計畫」(2010-2015)之一部份，未來的輕油進料將由中國 Sinopec 公司所屬煉油廠供應。

泰國概況

Dow 將在泰國投資乙烯計畫

Dow Chemical 將與 Siam Cement 集團在泰國合作投資 12 億美元，興建一座液體裂解廠，年產 90 萬噸乙烯以及 80 萬噸丙烯。新廠計畫於 2010 上半年完工投產。這座輕油裂解廠將座落於泰國 Map Ta Phut 地區，緊鄰現有由 Dow Chemical 與 Siam Cement 集團合作興建之 80 萬噸乙烯廠。基礎設施與經濟規模之整合，將使新廠的投資效益更加顯現。而新廠將較現有之輕油裂解廠增加 75% 的丙烯產量。未來並將設置下游配套工廠，但下游產品投資項目，迄今仍未確定。Dow Chemical 將擁有新廠之 33% 股權，而 Siam Cement 集團則擁有其餘股權。

台灣概況

二輕舉行拆卸紀念會

台灣中油高雄煉油廠第二輕油裂解工場停工已 10 餘年，2006 年 11/23 在二輕現址舉辦了簡單的「功成身退拆卸紀念會」。台灣石油工會並呼籲政府以理性前瞻之觀點來關心高廠去留議題，強調工會將全力爭取高廠就地更新之機會。高雄煉油廠表示，該廠為國內石化與煉油工業發祥地，培育出許多試爐高手與煉油、石化精兵。

三輕更新案

同為亞洲石油化學工業會議的創始者—台灣，乙烯總產量已遠遠落後日本及韓國，凸顯我國石化工業面臨「彼長我消」的競爭劣勢。石化公會曾邀集台塑、和桐等國內石化集團一同為產業發聲，並強調三輕不更新、五輕又要遷廠，將嚴重威脅國內石化業存亡，影響數十萬家庭的生計。並研擬包括台塑、長春、李長榮及台聚等石化集團街頭抗爭之行動。嗣後經濟部長陳瑞隆親赴高雄林園與當地鄉親說明推動三輕更新的必要性後，主管當局表達善意回應，故原定去年 11 月中旬走上街頭捍衛石化產業工作權的活動喊停。

三輕更新計畫已於 2006 年 12 月 18 日順利完成公開說明會，該計畫邁入一個新的里程。為使得三輕就地更新案能夠順利在 2007 年建廠，經濟部部長陳瑞隆表示，已指示台灣中油公司加速作業，預計 3 月就可提出環評申請。三輕投資案超過 300 億元，雖然受到建廠用地限制，年產乙烯縮減至 60 萬公噸，但仍可勉強供應下游石化業者所需。

五輕遷廠

　　高雄煉油總廠及五輕預訂在民國 104 年遷廠,台灣中油為此已逐步展開工廠拆遷計畫。遷廠時程日漸逼近,五輕的去留受到關注。政府正研擬五輕遷廠備案,一為將五輕移往高雄市政府全力推動的「南星計畫」;另一是考量全部計畫需填海造陸費時,在大林煉油廠興建年產 100 萬公噸乙烯場,打造新石化區,以遞補五輕遷廠的產能。「南星計畫」位於大林蒲,高市府是運用民國 69 年行政院專案核准由中油超額盈餘提撥的經費,進行填海造陸,目前已完成 200 多公頃造陸工程,後續發展值得關注。

六輕產能將遽增

　　台塑石化(六輕)煉油廠日煉原油 54 萬桶,排名世界第 6;年產乙烯 294 萬公噸的輕裂廠以及年產能 310 萬公噸的芳香烴,皆是世界最大單一廠。六輕廠第 1 期至第 3 期共 50 個廠已全部完工投產,第 4 期有 11 個廠,建廠工程完成率達九成。台塑石化年產 120 萬噸的輕油裂解三廠,預估 2007 年第 2 季將會逐步完工投產,是今年亞洲最大的新產能,這對台塑集團而言是有利的,競爭力又更上一層樓。

　　預估 2007 年台塑企業乙烯總產能將增加七成,突破 300 萬公噸。另外,據聞台塑企業投資超過 1,000 億元的第五期擴建工程,預計 2010 年完工投產,該案乃偏重於煉油及電子級化學品。

中國大陸概況

中國石化投資持續成長

　　據中國石油和化學工業協會人員表示，中國 2006 年前 8 個月的石化固定資產投資額上升至 3,092 億人民幣（折合 384 億美元），較 2005 年同期成長 35.2%。這段期間經過政府部門核准之投資計畫共有 4,210 個項目，與 2005 年同期相較增加 28.7%。另外，投資額的成長較 2005 年達成的成長率 30.7%更高，顯見中國在石化投資項目仍處於成長階段。

中國至 2010 年將增加 1,060 萬噸乙烯產能

　　有消息指出，中國在未來五年將透過現有工廠的擴建及新廠設置，使乙烯產能至 2010 年再增加 1,060 萬噸。中國的國家發展改革委員會在煉油廠及裂解廠中長程發展綱要中，已將乙烯廠的最低年產能由 60 萬噸向上修訂為 80 萬噸。在推動中的十一五計畫中，包括茂名石化及上海石化等廠商，皆將進行擴建工程，全國現有產能的擴充，至 2010 年將增加 438 萬噸乙烯產能，而新建的七座裂解廠將再新增 620 萬噸乙烯產能。新建的大型裂解廠將分佈於新疆、甘肅、四川及湖北等地。而長江三角洲、渤海灣及珠江三角洲三個主要生產基地，合計將佔中國國內乙烯總產能的 60%以上。

中國石化集團與 SABIC 合作推動 100 萬噸乙烯廠投資計畫

　　2006 年初，SABIC 恢復與中國石化集團（Sinopec）協商，合作推動在中國興建一座 100 萬噸乙烯廠的投資計畫。這項投資計畫當初

係於 1995 年規劃與 Dow Chemical 公司合作經營，且於 2005 年 12 月
獲得中國政府批准，預定在天津大港區設廠，計畫於 2008 年完工投
產。相關下游計畫將包含年產 60 萬噸聚乙烯、40 萬噸聚丙烯、45 萬
噸乙二醇、50 萬噸苯乙烯以及未宣佈數量之丁二烯。中國石化集團
早先曾宣佈，此項石化計畫的投資金額將達到 201 億人民幣（約折合
24 億 9,000 萬美元）。

中國石化集團興建 100 萬噸乙烯廠破土興工

中國石化集團計畫在天津興建之 100 萬噸年產能乙烯廠，預定於
2009 年第 3 季開始生產，並已於 2006 年 6 月底舉辦破土典禮。該公
司在天津大港區興建乙烯廠及下游產品生產工廠的計畫，已於 2005
年 12 月獲得中國政府的最後批准，這項投資計畫並包含將煉油廠的
煉量擴充一倍至每年 1,000 萬噸，原先預定於 2008 年完工投產。

上海成為乙烯生產重鎮

中國上海化工園區及鄰近地區之快速擴充，使這個地區可望於
2010 年成為擁有 350 萬噸年產能之乙烯生產基地。涵蓋面積約 10 平
方公里之該園區第一期工程，在上海賽科石化公司 90 萬噸年產能乙
烯廠於 2005 年完工投產以及 BASF、Bayer 與 Degussa 等廠商陸續進
駐之後，目前幾乎已被佔滿。

撫順石化展延乙烯廠完工時程

中石油集團所屬之撫順石化，已將其乙烯廠擴建計畫的完工日期
予以展延，該公司曾表示，其規劃在遼寧撫順興建之一座 80 萬噸年

產能乙烯廠，預定於 2008 年底完工，但仍需視接獲政府核准的時間而定。下游項目則將包含 40 萬噸年產能 BTX 廠、12 萬噸年產能丁二烯萃取廠、年產能合計 80 萬噸之兩座聚乙烯廠、30 萬噸年產能聚丙烯廠以及 20 萬噸年產能 SBR 橡膠廠。其中，聚乙烯廠將生產高密度聚乙烯及線型低密度聚乙烯。

台灣乙烯原料市場分析

生產量分析

目前國內乙烯原料主要來自台灣中油公司的輕油裂解場，極少部份由國外進口，2006 年全年乙烯總產量達到 2,888,364 公噸（有關 2006 年台灣乙烯生產量情形，請詳見表 2-2-4）。

表 2-2-4　台灣 2006 年乙烯生產量表

單位：公噸

1 月	2 月	3 月	4 月	5 月	6 月	7 月
256,332	244,756	260,703	244,776	261,480	257,999	251,740
8 月	9 月	10 月	11 月	12 月	全年累計	
224,079	206,288	195,729	233,921	250,561	2,888,364	

資料來源：石化工業雜誌

2006 上半年，乙烯月生產量皆維持於 250,000 萬公噸上下，區間至高月產量為 5 月份 261,480 公噸，至低則為 2 月份 244,756 公噸。第三季生產量逐月下滑，全年最低月生產量為 10 月份的 195,729 公噸（有關 2006 年台灣乙烯生產量變化曲線情形，請詳見圖 2-2-1）。

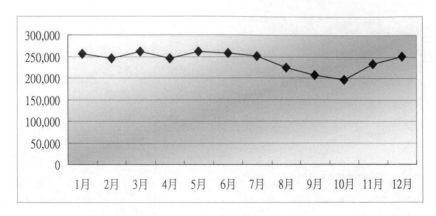

圖 2-2-1：台灣 2006 年乙烯生產量曲線圖　　　單位：公噸

資料來源：本文整理繪製

　　縱觀近 5 年來台灣乙烯生產量變化，有逐年上升的趨勢。年產量由 2002 年的 2,393,279 公噸，逐年提升至 2005 年 2,899,874 公噸。2006 年全年總生產量為 2,888,364 公噸，較 2005 年小幅衰退 0.4%（有關 2002-2006 年乙烯生產量台灣乙烯年生產量變化情形，請詳見表 2-2-5 及圖 2-2-2）。

表 2-2-5　台灣 2002-2006 年乙烯生產量表

單位：公噸

年份	2002	2003	2004	2005	2006
生產量	2,393,279	2,679,345	2,863,688	2,899,874	2,888,364

資料來源：中華民國的石油化學工業年鑑 2006 版

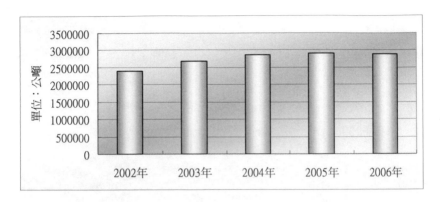

圖 2-2-2　台灣 2002-2006 年乙烯生產量圖

資料來源：本文整理繪製

輸入量分析

　　由於乙烯原料之儲運必須在高壓低溫條件下，不僅費用昂貴，不具經濟效益，尚且有其安全上的顧慮。因此，除少數國家如日本、美國、南韓等有少量進出口外，世界其餘國家或地區皆未有進出口、我國亦是直到民國 78 年才因華塑集團乙烯儲槽啟用而開始輸入少量乙烯，惟因成本、內陸運輸、儲槽空間有限等因素，輸入量不大。

　　2006 年全年乙烯總輸入達到 404,047 公噸（有關 2006 年台灣乙烯輸入量情形，請詳見表 2-2-6）。

表 2-2-6　台灣 2006 年乙烯輸入量表

單位：公噸

1月	2月	3月	4月	5月	6月	7月
45,331	38,922	23,208	9,068	25,099	31,686	40,260
8月	9月	10月	11月	12月	全年累計	
69,245	19,457	33,368	45,337	23,066	404,047	

資料來源：石化工業雜誌

　　2006 年台灣乙烯產品輸入量變化情形，自第一季表現呈現逐月下滑景況，至高是 1 月的 45,331 公噸，至低來到 3 月的 23,208 公噸。4 月份為全年最低量，量低於萬公噸僅 9,068 公噸。最高量落於 8 月份，量達 69,245 公噸。縱觀台灣乙烯產品全年輸入量變化情形，上下震盪劇烈（有關 2006 年台灣乙烯輸入量變化曲線情形，請詳見圖 2-2-3）。

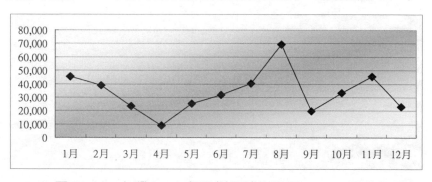

圖 2-2-3　台灣 2006 年乙烯月輸入量圖　　　單位：公噸

資料來源：本文整理繪製

　　近 5 年來台灣乙烯輸入量變化，呈現逐年上升的態勢。年輸入量由 2002 年的 318,678 公噸，逐年提升至 2005 年 457,594 公噸。2006 年輸入量為 404,047 公噸，較 2005 年衰退 11.70%（有關 2002-2006 年台灣乙烯年輸入量變化情形，請詳見表 2-2-7 及圖 2-2-4）。

表 2-2-7　台灣 2002-2006 年乙烯輸入量表

單位：公噸

年份	2002	2003	2004	2005	2006
輸入量	318,678	359,199	413,967	457,594	404,047

資料來源：中華民國的石油化學工業年鑑 2006 版

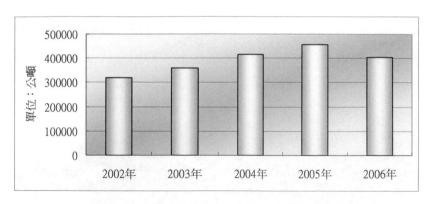

圖 2-2-4　台灣 2002-2006 年乙烯輸入量圖

資料來源：本文整理繪製

輸出量分析

　　如前述，乙烯原料因其儲運不易、運費昂貴與不具經濟效益等因素，加以下游廠家需求殷切，台灣乙烯產品之銷售幾乎均以內銷為主。2006 年全年乙烯總輸出僅 10,181 公噸（有關 2006 年台灣乙烯輸出量情形，請詳見表 2-2-8）。

表 2-2-8　台灣 2006 年乙烯輸出量表

單位：公噸

1 月	2 月	3 月	4 月	5 月	6 月	7 月
0	1	0	5,789	4,305	28	2

8 月	9 月	10 月	11 月	12 月	全年累計	
11	5	21	4	15	10,181	

資料來源：石化工業雜誌

　　2006 年台灣乙烯產品輸出量變化情形，除 4 月份輸出 5,789 公噸、5 月份輸 4,305 公噸外，全年輸出量皆甚微，顯見國內需求十分殷切（有關 2006 年台灣乙烯輸出量變化曲線情形，請詳見圖 2-2-5）。

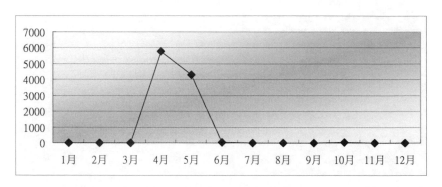

圖 2-2-5：台灣 2006 年乙烯月輸出量圖　　　　單位：公噸

資料來源：本文整理繪製

　　縱觀近 5 年來台灣乙烯輸出量變化，2002-03 輸出量微乎其微，全年皆僅在 100 公噸以內，2004 年輸出量亦僅 5 千餘公噸，最高輸出量落於 2005 年，全年總輸出量達到 12,567 公噸。2006 年輸出量為 10,181 公噸，較 2005 年衰退 18.98%（有關 2002-2006 年台灣乙烯年輸出量變化情形，請詳見表 2-2-9 及圖 2-2-6）。

表 2-2-9　台灣 2002-2006 年乙烯輸出量表

單位：公噸

年份	2002	2003	2004	2005	2006
年產量	68	73	5,863	12,567	10,181

資料來源：中華民國的石油化學工業年鑑 2006 版

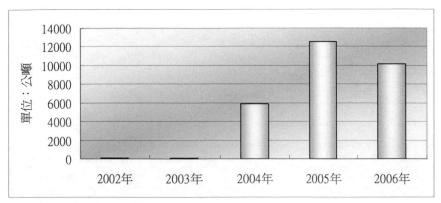

資料來源：本文整理繪製

圖 2-2-6　台灣 2002-2006 年乙烯輸出量圖

價格分析

2006 年台灣中油公司的乙烯計價公式首次採用「平準基金」操作概念，除將現行採歐洲乙烯合約價、美國乙烯合約價、韓國合約價及亞洲現貨價分佔不同的公式，改為降低歐美比重，加重亞洲現貨價占比外，增加當下游的聚乙烯（PE）與原料乙烯的國際價格，相差超出某一個範圍後，公式中增加 α 的調整（有關 2006 年台灣中油乙烯每月價格變化情況，請詳見表 2-2-10）。

表 2-2-10   2006 年台灣中油乙烯價格表

單位：美元／公噸

月份	價格	平均價
1	965~1015	990
2	965~1015	990
3	925~970	947.5
4	945~990	967.5
5	1015~1060	1037.5
6	1035~1075	1055
7	1080~1120	1100
8	1150~1200	1175
9	1140~1170	1115
10	1050~1100	1075
11	1000~1050	1025
12	1010~1060	1030

資料來源：石化工業雜誌

　　整體而言，2006 年第一季台灣乙烯價格皆維持於 1000 美元／公噸以內，嗣後隨著原油價格推升等市場因素，使得乙烯價格逐步揚升。5 月份後價格未見低於每公噸 1000 美元以下。由於 2006 年下半年亞洲總共有 13 座乙烯大廠相繼歲修，使得下半年亞洲乙烯較前年同期減少一至二成，乙烯價格創下歷史新高紀錄。台灣中油乙烯價格 2006 年高點落於 8 月份，價格在每公噸 1150~1200 美元（有關 2006 年台灣中油乙烯價格變動景況，請詳見圖 2-2-7）。

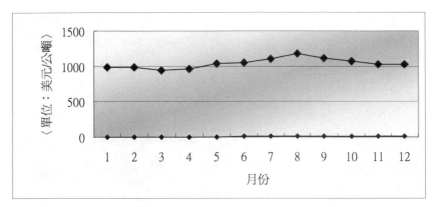

資料來源：本文整理繪製

圖 2-2-7　台灣 2006 年台灣中油乙烯價格變化曲線圖

乙烯原料市場未來展望

　　據台塑集團研究評估，石化業下一波景氣低迷期約在 2010 年左右。屆時全球乙烯生產線平均產能利用率將下滑。主要考量中東地區沙烏地阿拉伯及伊朗等投資計畫陸續完工，加上中國新增乙烯產能皆預期於 2010 年至 2012 年間完成。

　　這與日本化學週刊近期的報導十分接近，該報導指出，由於中東地區於 2008-2010 年期間預期將有許多座世界級石化廠陸續投入生產，使得亞洲石化產業將進入求生存時代。這些新增產能約有 70%係以亞洲為目標市場，預估亞洲石化廠的平均開工率在 2010 年將降至約 70%。該報導認為，縱使不考慮中東地區的產能，僅在亞洲主要是在中國、泰國、台灣以及新加坡等國正在推動的世界級石化廠興建計畫，亦將使亞洲石化市場目前的短缺現象達到平衡。

不過，石化產業界對於伊朗何時會有大量石化原料與製品供應全球市場看法不一。首先，外界一直認為該國的第 6、第 7、第 9 及第 10 座烯烴廠將於 2006 年完工投產，實際上，迄今為止，僅有國家石化公司（NPC）完成一座第 6 座烯烴廠，而第 7 座烯烴廠的命運仍屬未定。至於另外兩座烯烴廠，先前的目標係於 2007 年完工投產，然而事實上並未如期。可見伊朗大量石化原料與製品供應全球仍存在許多變數，包括建廠費用與建廠時程低估，以及技術授權廠商與統包工程廠商之間的協調溝通等問題皆有待克服。

2007 年，估計將有 14 座亞洲乙烯廠進行歲修，較 2006 年的 21 座減少甚多。其中，亞洲最大乙烯生產國日本，將有 6 座乙烯廠會安排歲修，預估乙烯產量將減少 270 萬噸，相較之下，在 2006 年有 8 座乙烯廠進行歲修，導致乙烯產量減少 450 萬噸左右。南韓在 2007 年安排歲修之乙烯廠將有 5 座，較 2006 年的 4 座增加。台灣亦有 2 座乙烯廠將安排在 2007 年歲修，而在東南亞地區則僅有 1 座乙烯廠安排在 2007 年歲修，該地區在 2006 年進行歲修的乙烯廠有 6 座之多。在今年亞洲乙烯廠歲修家數將較去年減少且自 2007 下半年起將有新增產能陸續投入生產，在乙烯出口供應量增加的情況下，預料乙烯市場將有利於買方，但輕油需求可望呈現強勁成長。

未來乙烯原料市場的觀察指標，仍以全球乙烯生產線平均產能利用率 90%為景氣的臨界點。從歷史經驗觀之，全球乙烯平均產能利用率最低曾降到 80%左右，最高曾達到 94%水準。

表 2-2-11 2007 年全球乙烯產能表

單位：千公噸 Unit：1,000MT

國名 Country	產能 Capacity	國名 Country	產能 Capacity
阿爾及利亞 Algeria	220	以色列 Israel	240
埃及 Egypt	300	土耳其 Turkey	520
利比亞 Libya	330	卡達 Qatar	1,220
奈及利亞 Nigeria	300	沙烏地阿拉伯 Saudi Arabia	7,241
南非 South Africa	605	阿聯 United Arab Emirate	600
中國大陸 China Mainland	9,959	加拿大 Canada	5,406
印度 India	3,044	墨西哥 Mexico	1,577
印尼 Indonesia	550	美國 United States	27,941
日本 Japan	7,630	澳洲 Australia	555
北韓 N.Korea	60	阿根廷 Argentina	752
南韓 R.O.K.	6,452	巴西 Brazil	3,505
馬來西亞 Malaysia	1,780	智利 Chile	60
克羅埃西亞 Croatia	100	哥倫比亞 Colombia	76
烏茲別克 Uzbekistan	140	委內瑞拉 Venezuela	600
新加坡 Singapore	1,970	比利時 Belgium	2,240
中華民國 R.O.C.	3,215	法國 France	3,335
泰國 Thailand	2,423	德國 Germany	5,505
亞塞拜然 Azerbaijan	330	希臘 Greece	20
捷克 Czech	560	義大利 Italy	2,315
斯洛代克 Slovak	240	葡萄牙 Portugal	410
匈牙利 Hungary	610	西班牙 Spain	1,580
烏克蘭 Ukraine	525	英國 United Kingdom	2,855

波蘭 Poland	700	奧地利 Austria	500
伊拉克 Iraq	0	芬蘭 Finland	310
羅馬尼亞 Romania	300	挪威 Norway	550
俄羅斯 Russia	3,055	瑞典 Sweden	610
白俄羅斯 Belarus	150	瑞士 Switzerland	30
保加利亞 Bulgaria	150	荷蘭 Netherlands	3,835
伊朗 Iran	3002	塞爾維亞 Serbia	200
科威特 Kuwait	900		
		全世界 World Total	124,222

輕油裂解廠的設立與發展

　　國民政府在 1950 年代初期，冀望穩定局勢開始有工業化之打算，並於 1953 年成立隸屬於行政院長的非常設機構「經濟安定委員會」，嗣後成立的工業委員會、美援會等皆將石化工業列於優先發展之名單中。

　　台灣在 1950 年代僅有零星的石化產品生產，台塑公司在 1957 年開始利用電石生產 PVC 產品。我國的石化工業，自以天然氣產製液氨為發軔，但如以原油、輕油而乙烯之石化工業，則以一輕為開端；中油公司之第一輕油裂解廠，於 1968 年 5 月完工，規模為乙烯 5,4000公噸／年，而其下游僅台灣聚合與台灣氯乙烯兩家公司，然而一輕的設立，乃台灣邁向石化大國之基石（中華民國的石油化學工業，1983：7）。台灣石化工業是先建立下游加工業，後開發國內外的市場，在輕油裂解廠尚未設立之前，所需石化中間原料需由國外進口，成本相對

較高，嗣後台灣陸續在國家政策[6]的推動下興建輕油裂解廠供應石化基本原料，也造就了台灣石化大國的輝煌成就。

輕油裂解廠的主要產品「乙烯」是不易運輸，或是說運費相當昂貴，因此各國生產出來的乙烯通常供應當地消費，同時這生產具有相當大的經濟規模[7]以及技術相連性，輕油裂解廠的產品必然包括上述的烯烴系列產品，而這些產品也最好能經由管線，馬上輸往中油的工廠進行進一步的加工，因此上游與中游生產連結性高，投資計畫通常要一起協調進行（瞿宛文，2002）。

目前台灣主要輕油裂解廠有中油及台塑石化兩家公司，這兩家公司利用各自之煉油廠進料生產烯烴與芳香烴等石化基本原料。中油目前擁有三輕、四輕及五輕等三座輕油裂解廠，原有之一輕及二輕已經停工；台塑石化則於 1998、2000 年先後完成六輕之第一與第二輕油裂解工場；此外，由東帝士集團主導的七輕計畫，於 1999 年通過最後環評，因財務困難暫停中，預定地濱南工業區亦未獲准；由中油主導的八輕計畫，已決定由屏東轉往雲林台西建廠，並已組成國光石化科技公司正式推動（中華民國的石油化學工業，2005）。

有關台灣輕油裂解廠之設立經過與發展概況分述如下：

---

[6]　瞿宛文認為台灣石化產業高度發展與政府的產業示範效果有關。

[7]　經濟部國際貿易局完成二〇〇五年前一〇〇大出口廠商統計指出，最大出口廠商由台塑石化奪冠，其出口金額高達五十‧三億美元；前十大出口廠商依序為台塑石化、友達光電、中國石油、奇美電子、台積電、南亞塑膠、台灣化纖、宏達電子、台灣塑膠、華碩電腦，出口金額合計達三〇一‧一億美元，占出口總額十五‧九％。（2006-03-31／台灣時報／第 17 版）

壹、第一輕油裂解廠的設立與發展

一、設立經過

　　台灣的石油化學工業，自以天然氣產製液氨為發軔，但如以原油、輕油而乙烯之石化工業，則以一輕為開端。中油之第一輕油裂解工廠，於 1968 年 5 月開工，規模僅為乙烯 54,000 公噸／年，而其下游亦僅有台灣聚合公司與台灣氯乙烯公司兩家，產品亦僅有兩種而已。但一輕的存在，卻成為我國邁向石化大國之基石（中華民國的石油化學工業年鑑 1980，P7）。

圖 2-2-8　第一輕油裂解廠照片

資料來源：中華民國的石油化學工業年鑑 1980 年

二、發展概況

根據蔡偉銑的研究指出：在第一輕油裂解廠設立之前，台灣歷經第一、二期四年經濟建設，致使「進口替代」工業逐漸成熟。自 1957 年起，係因美國援助台灣之政策轉變，加以政府持續發展經濟的務實考量，致力於出口導向工業化發展策略，因而造就民營機構的高度發展。（蔡偉銑 1996）

政府經建部門構想：「建立石化工業以減少外匯支出、擴大出口外銷」之企圖，所宣示之「積極發展石化工業」、「將石化工業列為起飛工業之一」的政策落實，是台灣設立第一輕油裂解廠之重要背景之一，其他出口導向工業化發展背景因素還有：

1、國際長期經濟繁榮，促使全球經濟極度景氣，為台灣擴大「出口導向」政策，提供有利的環境（林鍾雄 1988），此因素係為國際因素，對已具逐漸具有出口能力的台灣石化工業具有景上添花之效。

2、台灣處於能源供應充沛的石化產業發展階段，係因戰後新油田相繼被發現與開採，致使台灣石化發展得以進口廉價之石化中間原料，迅速發展石化下游加工產業。

3、日本力求石化等產業升級，於 1960 年代末期起轉移勞力密集工業至鄰近國家，致使勞力密集的產品市場由台灣、韓國及香港所取代（王作榮 1989）。由於此背景因素，對台灣石化產業順利發展，並擴大規模具有極大的關連性。

4、政府欲求突破經濟發展瓶頸，係因「進口替代」經濟計畫仍難以解決「外匯不足，國際收支不平衡」等問題，因此藉由

　　　出口導向經濟發展策略，為日漸嚴重的資經不足、勞力過剩
　　　與高失業率等問題謀求出路。

5、因應國際開發總署的撤銷，以及 1965/07/01 美國援助將告
　　終止。

在上述時代背景因素之下，顯見「出口導向」經濟發展策略為不得不的選擇，致使欲求石化下游加工業蓬勃發展，而石化加工中間原料仍須仰賴國外進口，耗費外匯甚鉅且無法降低成本提升產品競爭力，那麼建立輕油裂解廠生產石化基本原料顯得格外重要，勢在必行。

　　雖然第一輕油裂解廠現以停工不再生產，但誠如瞿宛文在其「產業政策的示範效果——臺灣石化業的產生」的研究中認為：1960 年代的台灣，政府干預最重要的是在示範可行性與獲利性，以降低風險，而那是市場機制無法完全處理的。因此一輕計畫與實施的過程對台灣石化產業後續的發展重要性不可謂之不大。

貳、第二輕油裂解廠的設立與發展

一、設立過程

　　中油的第二輕油裂解廠，於 1975 年 9 月開工，規模為年產乙烯 23 萬噸。由於乙烯產能增加，而且尚有丙烯、丁二烯等聯產品，二輕的下游便增加了許多公司；我國石化工業，為之略具規模。其後於 1980 年去除瓶頸，產能提高為 263,000 公噸（中華民國的石油化學工業年鑑 1980，P8）。

圖 2-2-9　第二輕油裂解廠照片

資料來源：中華民國的石油化學工業年鑑 1980 年

二、發展概況

　　第二輕油裂解廠係為十大建設項目之一，除延續一輕為滿足原料需求之要角外，更提升為將「低價」油品進口，出口「高價」值之石化產品之角色，特別是在第一次石油危機之際，發揮該廠的功能。惟因二輕年產乙烯僅 23 萬公噸，規模不大，因此造成完工後一二輕總產能仍無法滿足中下游之需求。嗣後三輕四輕五輕陸續完工後，第二輕油裂解廠也功成身退，停工不再生產。

參、第三輕油裂解廠的設立與發展

一、設立過程

　　中油的第二輕油裂解廠，是二輕的翻版，也是年產乙烯 23 萬噸，開工於於 1978 年 3 月。而其建廠則在第一次石油危機之後，如非有大魄力及遠見，實在很不容易辦成。此舉使得我國石化工業之規模，再進一步擴大為 56.8 萬噸乙烯，而為自由世界第 12 大石化工業國家（中華民國的石油化學工業年鑑 1980，P8）。

圖 2-2-10　　第三輕油裂解廠照片

資料來源：中華民國的石油化學工業年鑑 1980 年

二、發展概況

　　1973 年三輕建廠計畫定案之前，也是民營石化企業高度擴展之際。因三輕爆發公營或民營之爭議，政府為迅速決定，終以仿照二輕規格興建。三輕發展的重要轉折乃是政府為求三輕公營而開放中間原料業自由設廠，以平息強烈爭取興建三輕的民營業者。

肆、第四輕油裂解廠的設立與發展

一、設立過程

　　石化工業蓬勃發展時，在下游業者期盼下，中油公司開始推動第四輕油裂解廠計畫，年產乙烯 38.5 萬噸；下游公司已於中油同意供應下，紛紛開始破土興工（中華民國的石油化學工業年鑑 1980 年，P8）。

圖 2-2-11　第四輕油裂解廠照片

資料來源：中華民國的石油化學工業年鑑 1980 年

二、發展概況

　　四輕發展階段，美商石化資本因二次石油危機陸續撤資；國家機關與中油反對繼續發展石化工業，決定縮小四輕產量設計；且企圖以產銷協議，解決第二次石油危機下的石化中下游紛爭。（蔡偉銑 1996）四輕發展階段遭逢石油危機，建廠完工後卻又面臨環保運動的挑戰，因而發展之路倍感艱辛。另值得一提的是民間石化中間原料企業的群聚力量逐漸發酵，漸漸能夠影響石化產業發展的局勢，此乃是從四輕發展階段開始的。

伍、第五輕油裂解廠的設立與發展

一、設立過程

　　第五輕油裂解廠建廠於 1994 年展開，中油在 1990 年計劃新建五輕時，由於地方人士發動抗爭反彈，因此與地方協議於 25 年內陸續遷移高雄煉油廠，後勁地區居 1987 年反五輕行動的歷史，強調後勁地區居民對中油所造成污染的痛心，以及強烈堅持中油如期 25 年遷廠的決心（2005-11-15／民眾日報／第 11 版）。嗣後中油提出「高廠轉型計劃案」在未獲後勁鄉親同意前，高廠將仍依照政府承諾，在民國 104 年前分三期遷廠（2005-04-15／民眾日報／第 19 版）。

二、發展概況[8]

環保運動最早是由具有生態學觀念知識的專家、學者及中產階級所支持推動的,只可視為全球環保運動的一環。雖然政府也曾表示關切環境保護,但在以經濟掛帥的台灣,政府是口號多於實際政策;在1985、1986 年,相繼發生了「三晃」案、「反杜邦」案、「圍堵李長榮」案,代表受害民眾在請願無效之後,毅然採取自力救濟的方式抗爭,其結果是成功的(彭懷恩 2003)。

中油另一個迫切的工作目標乃是爭取「高雄煉油廠轉型為石化科技園區」,若能在兼顧環保的基礎上,將五輕就地更新擴充產能將能解決國內乙烯供應不足之窘境。

石化業界與中油爭取了兩年多,終獲經濟部的初步同意,進行相關的溝通工作。緣於高雄煉油廠供應高屏地區主要石化中間原料廠的基本原料,如照政府原先所宣布 25 年遷建計畫,必須於民國 104 年停工拆除,則南部石化重鎮石化基本原料供應將告中斷,眾多石化廠也將被迫關門。基於多年來中油已投下鉅資與努力改善環保,消除了大部份之污染,情況已與當年決策遷廠時不同,故政府主管部門已原則同意在徵得當地居民贊同下推動就地更新計畫,將該廠轉型為能源、石化、高科技專區,僅保留部分煉油設備,新建一座年產能 90萬公噸的輕油裂解廠,發展上中下游一貫作業的石化生產體系,同時利用部份土地發展奈米技術、生化技術、電子技術等廠區,提供國內投資人設廠,並引進國外著名廠家進駐。惟上述中油「高雄煉油廠轉型為石化科技園區」計畫因當地民眾反對,計畫仍舊無法推行。

---

[8]　參考資料:中國化學工程學會 2003 年〈飛躍的半世紀紀念特刊〉P189。

陸、第六輕油裂解廠的設立與發展

一、設立過程

　　台塑石化中心即一般熟知之六輕，乙烯年產能 45 萬公噸，於 1988
年 11 月經政府核准籌設，1992 年初正式通過環保影響評估，廠址擇
定在雲林離島式基礎工業區之麥寮區。1993 年中申請六輕擴大為乙
烯年產能 135 萬公噸。第一階段各項建廠工程於 1998 年下半年完工
投產，第二階段建廠大部分於 2000 年完成。六輕三期擴建計畫於 2002
年中通過環保評估及政府許可。第一裂解場於 2002 年第 4 季完成去
瓶頸提升產能（中華民國的石油化學工業 2004 年，P12）。

圖 2-2-12　台塑六輕麥寮工業園區空照圖

資料來源：石化工業雜誌 2004 年第 26 卷 3 期

　　台塑企業在雲林麥寮離島工業區投資六輕共分四期進行投資，目前已完成三期，2006 年將陸續完工的四期計畫中的投資項目。六輕四期所投資的生產線，今年將陸續完工的有台塑的高密度聚乙烯廠（HDPE）、台化的苯乙烯單體（SM）三廠、台塑石化的煉油廠，以及南亞塑膠的可塑劑（DOP）工廠（2006-01-07／經濟日報／第07 版）。

二、發展概況[9]

（一）建設經驗

1、六輕的起源與落腳麥寮經過

　　台塑企業鑒於台灣石化基本原料長期以來嚴重不足，導致石化業中下游之發展受到限制，為紓解原料短缺之困境，乃提出六輕計畫，並於 1968 年獲政府核准興建。首先選擇利用宜蘭利澤 280 公頃土地建廠，因遭到無理的環保抗爭，乃於 1988 年轉至桃園觀音，但也是由於類似原因而宣布放棄。

　　1991 年，雲林地方上下一致表示歡迎，於是選擇於雲林離島基礎工業區之麥寮區及海豐區進行填海造陸，籌建年煉原油 2,100 萬公噸之煉油廠、年產乙烯 135 萬公噸之輕油裂解廠及其相關石化工廠、重機廠、氣電廠及麥寮工業港。六輕計畫一、二期投資金額（含工業港及發電廠）約新台幣 4,700 億元，已於 2001 年中陸續完工生產，

---

[9]　整理自：李志村 2003〈台塑六輕建設經驗與展望〉海峽兩岸石油和化工經貿暨科技合作大會 P12-15。

預估全部完工之後，每年可增加產值約新台幣 4,800 億元。另外，2002
年續規劃第三期擴建計畫，投資新台幣 722 億元，合計六輕計畫一
期、二期及三期總投資金額高達新台幣 5,422 億元[10]。

2、填海造陸、滄海變桑田

六輕計畫開發的麥寮區及海豐區，座落於雲林縣最北端濁水溪出
海口，南北長約 8 公里，沿海岸線向外延伸 4 公里多之外海地帶。絕
大部分土地平時皆均位於海平面以下，低潮時在海邊可看到一部份浮
出海面砂地，滿潮時則是一片汪洋景象，要在此處建廠，必須大舉進
行抽砂填海工程，開發造地的面積約為 2,096 公頃。

▲麥寮填海造陸工程─抽砂填海　　　▲麥寮填海造陸工程─地質改良

圖 2-2-13　台塑六輕麥寮填海造陸工程圖

資料來源：中國化學工程學會

---

[10]　未含第四期投資費用新台幣 1,246 億元

　　麥寮區及海豐區二區域與鄰近沿海魚塭留有海水道隔離，同時也必須再經過地質改良鞏固地基後，才能做為建廠用途，因此台塑的填海造陸工程可謂相當艱辛，係因麥寮鄉對外交通不便，加以一年之中約有半年的強烈東北季風侵襲，氣候惡劣，填海造陸工程一切從零開始，可說是一項滄海變桑田的浩大工程。

圖 2-2-14　台塑六輕麥寮工業園區廠區圖

資料來源：石化工業雜誌 2005 年第 26 卷 9 期

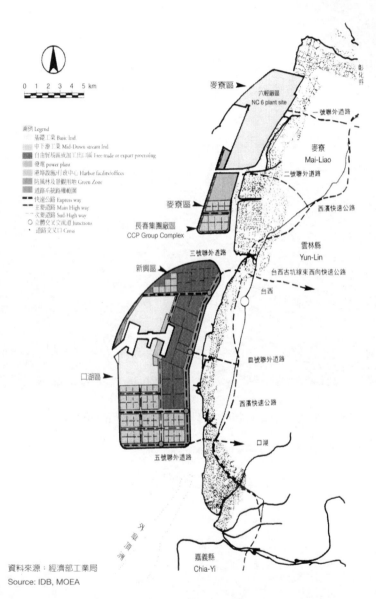

資料來源：經濟部工業局
Source: IDB, MOEA

圖 2-2-15　六輕位置圖

（二）2006 年概況

　　台塑集團 2006 年海內外總營收近一兆六千四百億，年成長率達 14.5%，而獲利也以兩位數成長，營收獲利雙雙創下歷史新高紀錄。展望 2007 年，第三套輕油裂解設備預定於 4 月完工投產，而寧波年產 45 萬公噸的聚丙烯廠也將於第 2 季完工，屆時將可利用台塑海運冷凍船隊，將丙烯由麥寮運出輸往寧波園區，連結起台塑集團兩岸的事業版圖。

柒、七輕計畫推展過程及其展望[11]

一、推展過程

　　約 10 年前，當台塑六輕計畫之推動有了初步具體結果，台灣石化市場需求仍呈一片大好，故在台灣區石油化學工業同業公會之邀集中，曾有籌建七輕之計畫，當時係擬在今天台塑六輕落腳的雲林離島式基礎工業區填海造陸，供作建廠之需，後因鑑於造地成本昂貴而作罷。

　　迨至民國 82 年 6 月，東帝士集團向經濟部工業局提報了「石化綜合廠投資計畫書」，醞釀一時的七輕乃由東帝士正式具體推動，回顧前塵，不覺已歷七年的歲月。這其中，有關廠址、環保、投資規模等，令東帝士斟酌再三，吾人所獲消息內容，亦與時而異，雖非多苦多難，也堪稱費日曠時矣[12]！

---

[11] 整理自：謝俊雄 2000 七輕計畫推展過程，石化工業第 21 卷第 9 期，P4-9。

[12] 推動八、九年的濱南工業區開發案，2006 年 2 月由內政部區域計畫委員會專案小組召開用地變更審查，縣長蘇煥智於會中堅持反對該案；經小組討論後，決議退回申請單位，並於六個月內補齊環評等文件，再進行審議；另由經濟

　　82 年 10 月，經濟部同意東帝士在台南縣七股鄉利用台鹽土地及毗鄰之海域申請編定為工業區，供興建台灣第七個石化中心。隨後經濟部並將之列為重大投資案。

　　同一時間，燁隆集團申請在七股工業區投資興建大煉鋼廠，因黑面琵鷺棲息地問題受阻，工業局乃協調兩家共同於七股鹽場編定工業區。

　　83 年元月，兩大集團正式向台南縣政府申請，根據促進產業升級條例精神，報編工業區，定名「濱南工業區」，七輕終於找到了落腳地。

部召集相關部會協調該案可行性。

一拖再拖的濱南工業區開發案，從八十三年十二月由東帝士和燁隆兩大財團共同提出，擬籌資四千多億元，設置七輕和大煉鋼廠、工業港口等，預計可創造十五萬個就業機會，帶動七股沿海發展，惟八十四年提出環境影響評估後，卻因大範圍使用七股潟湖，被認為將破壞生態，甚至當時立委即現任縣長蘇煥智還理光頭苦行反濱南，由於環評擺不平，又進入二階段，且一審再審，直至八十八年十二月才有條件通過，但至今定稿本未出爐。

由於蘇煥智即反濱南，當上縣長後，去年七月即要求相關單位明列八大反濱南理由，包括開發單位財務發生問題、用水不足、縣府已規劃該區設置南瀛濱海國家風景區等，並函內政部撤案，立即停止報編作業程序。

專案小組綜合各單位意見後，決議將該案退回提出申請的聯鼎公司和大東亞石化公司，要求兩公司依委員意見修正補齊相關資料，即包括環評定稿本和學者專家意見後，於六個月內再送委員會審議。此外，將由目的事業主管機關經濟部召集相關單位開會，再討論濱南案的可行性，以配合相關的作業程序（2003-02-25／中華日報）。

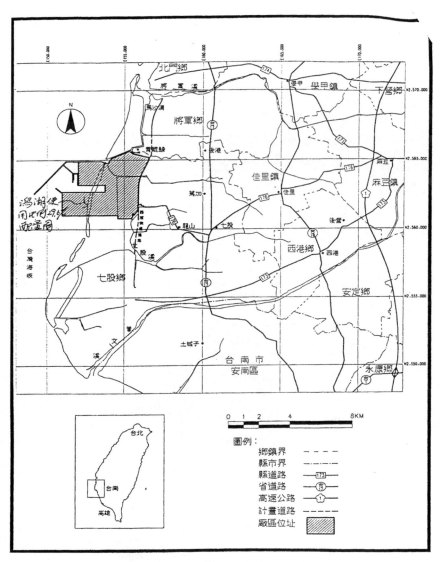

圖 2-2-16　濱南工業區位置圖

資料來源：石化工業雜誌 2000 年石化工業第 21 卷第 9 期

在無止境、激烈的環保抗爭中，東帝士再接再厲，於 85 年 5 月通過第一階段環境影響說明書審查，有條件獲准進入第二階段環評。惟「反七輕」之聲仍不絕於耳。東帝士一方面與地方人士與環保團體週旋，一方面準備審查委員所要求的繁雜資料。

第二階段環評審查於 87 年 4 月展開，歷時超過一年半，於 88 年 12 月中獲得有條件通過。88 年 12 月 17 日環保署舉行環境影響評估審查委員會第 66 次會議，有條件通過爭議五、六年的濱南工業區開發案，使七輕計畫向前邁進一大步。

濱南案環評過關，附了重要但書：使用七股潟湖面積不得超過百分之五，且不得堵塞北潮口，開發單位應採人工方式維持北潮口暢通，讓潟湖的生態不致因工業區開發而受影響。此外，尚有超過 20 項的其他但書和附帶決議。故整個開發案必須一一遵循辦理，環評始算最後定案。

圖 2-2-17　濱南工業區原規劃示意圖

資料來源：石化工業雜誌 2000 年石化工業第 21 卷第 9 期

（一）濱南工業區之報編

　　濱南工業區將由東帝士和燁隆兩家公司進行開發，分別設立石化工業區和大煉鋼廠。為了工業區之需要也將興築工業專用港。

　　本工業區位於台南縣七股鄉，為西濱快速道路以西之台鹽七股鹽場，另將軍溪以南、七股溪以北間之網子寮沙洲外海，亦包括在內。本基地距台南科學工業園區約 10 餘公里，距黑面琵鷺主要棲息地約 9 公里。工業區預定區屬漁村景觀，養殖及近海漁撈業多，為重要的牡蠣、文蛤生產地。

　　濱南工業區開發通過環評後，即將進入報編程序。東帝士預定送審之總面積為 1717 公頃，工業港 558 公頃，工業區 1163 公頃。其中石化中心佔地尚未定案。

　　濱南工業區每日需水量 125,852 公噸，為因應枯旱期之需，將自設每日 13,000 公噸之海水淡化廠。由於水資源之珍貴，將建立枯旱預警制度，藉由儲備用水，制定限水生產計畫，以審慎規劃用水不缺。電力需求方面，將規劃 260MW 汽電共生廠。

　　規劃的工業港年吞吐量達到 11,175,210 公噸，有碼頭船席 13 席，石化用 5 席，可停 20 萬噸油輪。內陸運輸規劃 1,181,696 公噸／年。

　　至於廢棄物之排放，將努力做到低於法規標準。惟環保人士指出，濱南案七輕加大煉鋼廠，二氧化碳排放量年約 2000 萬噸。環評附帶決議亦謂，空氣污染物對古蹟之影響應謀對策。

（二）七輕石化中心計畫[13]

　　七輕計畫主要包括煉油廠、烯烴廠、芳香烴廠、汽電共生廠和公用廠五大部分。在東帝士集團主導下，將來亦可能邀請石化等同業共同投資。基於增效性，東帝士本身將優先專注於芳香烴下游的對二甲苯、純對苯二甲酸、和乙二醇的生產，以提供其關係企業所需石化原料。

表 2-2-12　濱南工業區開發計畫小檔案

興辦人：東帝士集團／燁隆集團（已由中鋼入主） 計畫內容：(1) 石化中心——煉油廠（日煉量 15 萬桶） 　　　　　　　　——烯烴廠（年產乙烯 90 萬噸） 　　　　　　　　——芳烴廠（年產芳烴 140 萬噸） 　　　　　　(2) 一貫作業鋼廠—2 座高爐，年產粗鋼 597.3 萬公噸 　　　　　　(3) 工業港—碼頭 13 席，最大進泊 20 萬噸油輪 　　　　　　(4) 汽電共生廠 　　　　　　(5) 公用廠

資料來源：石化工業雜誌 2000 年石化工業第 21 卷第 9 期

表 2-2-13　濱南工業區開發計畫進展歷程

82/06	東帝士集團向經濟部工業局提出「石化綜合廠投資計劃書」
82/10	經濟部同意於七股鹽場台鹽土地及毗鄰海域編定工業區
83/01	工業局協調東帝士與燁隆共同於七股鹽場編定工業區
83/12	正式依「促產條例」向台南縣政府申請編報「濱南工業區」
85/05	通過第一次環境影響說明書審查
87/04	進行第二階段環評審查
88/12	在附但書之下，通過第二階段環評

資料來源：石化工業雜誌 2000 年石化工業第 21 卷第 9 期

---

[13] 東帝士集團在台灣濱南工業區發展七輕計畫，總投資金額為一千五百億元，主要以生產芳香烴及其下游原料為主，但在陳由豪主導的東帝士集團財務日漸吃緊後，由東展興業負責評估的七輕計畫也就不了了之；不過，目前陳由豪的作法已很明確，就是要將過去在台灣投資失利的七輕計畫完全移往廈門海滄（2004-02-12／工商時報／第 03 版）。

1、煉油廠

七輕計畫將建立日煉量 15 萬桶煉油廠一座，主要的是提供烯烴廠和芳香烴廠所需之原料。故本煉油廠屬於石化煉油廠（petrochemical refinery）。主要設備包括常壓及真空蒸餾、輕油處理、媒組、媒裂、和硫磺回收等。

本煉油廠生產的液化石油氣將經處理後，作為部份乙烯裂解爐之進料。部份供製氫之用。輕質輕油（light naphtha）和重質輕油（heavy naphtha），前者送進烯烴廠，後者經媒組反應製成重組油（reformate），而為芳香烴廠之進料。所產煤油將作航空燃油販售。柴油的一部分和燃料油供汽電共生廠發電之用。

2、烯烴廠

七輕計畫烯烴廠乙烯年產能訂為 900,000 公噸，設計進料多元化，可用液化石油氣、自產輕油、進口輕油、自產重質輕油、和製氣油。聯產品包括：丙烯 59.2 萬公噸，四碳烴 32.6 萬公噸。

3、芳香烴廠

七輕計畫芳香烴廠以產製 80 萬噸對二甲苯供出產 90 萬噸純對苯二甲苯為主要構想。設計年需 188.3 萬公噸重組油為進料。萃取後所餘萃餘油再送到烯烴廠供裂解。萃取產品有苯、甲苯、二甲苯、和高沸點芳香烴。二甲苯經分離得出對二甲苯和鄰二甲苯。

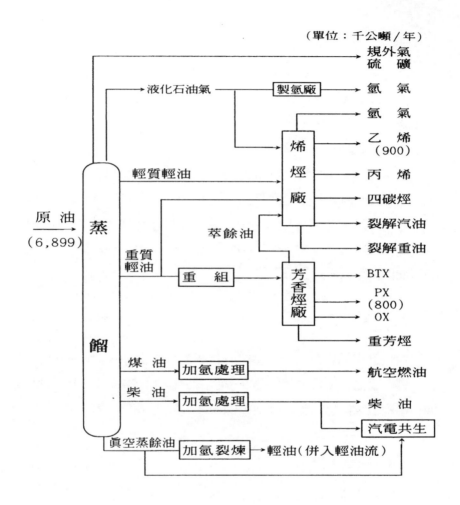

圖 2-2-18 七輕計畫組成圖

資料來源：石化工業雜誌 2000 年石化工業第 21 卷第 9 期

二、未來展望

（一）擴大投資有助經濟發展

　　整個七輕石化中心之開發尚需 6 年時間始克完成。無疑地，倘能順利開展，將是台灣石化工業發展繼台塑 6 輕案之後，重要的另一步。初步估計，總投資金額約需新台幣 1000 億元，相當於 32 億餘美元。造地成本待進一步核算。這其中，以烯烴廠投資最多，約 380 億。煉油廠 330 億，芳香烴廠 290 億。在東帝士集團主導下，未來或將請有興趣之投資人共襄盛舉，故將來在港灣建設、公用設備、土地開發、石化原料製造、與中下游產品等，將作相當大的投資。部分石化廠家認為利用管線將多餘石化原料輸往高雄各石化廠區亦可思考。

（二）環署公告濱南區環評報告書定稿本[14]

　　行政院環境保護署正式公告濱南工業區環評報告書定稿本，環保署強調，濱南案早在六年前（1999 年 12 月 17 日）即通過環評審查，環保署依法就必須完成法定公告程序，避免衍生後續公務員廢弛職務的爭議，但不代表濱南工業區開發案就此拍板定案，當初這個開發案是依據「促進產業升級條例」申請報編為工業區，所以除了通過環評外，還得分別經過內政部、經濟部的計畫審查，取得許可執照後才能逕行開發。

　　除此之外，工業區內包括工業專用港及海水淡化廠的設置，環保署都要求必須要個別進行環境影響評估。

---

[14]　整理自：2006 年石化工業雜誌第 27 卷 9 期，P22。

對於環保署通過濱南工業區開發計畫環評審查，台南縣長蘇煥智及環保團體強烈反彈，以觀光需求、供水防洪兩項理由，要求環保署依行政程序法第一二三條規定撤銷環評。同時縣長蘇煥智強調，在他任期內，縣府不可能許可開發案的任何土地變更及建照申請。，環保署則要求台南縣政府於一個月內提出撤銷理由，原則上環評撤銷機會不大，但開發案還需通過區域計畫程序，建議台南縣府可以在區域計劃審議時提出訴求時再議。

濱南工業區預定地在台南縣七股鄉七股溪以北間的網子寮沙洲外海，佔地一千七百公頃，原先預計設置東帝士石化綜合廠、燁隆一貫作業煉鋼、專用港，但因自八十七年起歷經十四次專案小組審查、三次專家學者初審，開發時間常時空變遷，將改由大東亞石油、聯鼎鋼鐵公司接手，開發內容不變。

八十三年底提出申請開發的濱南案，主要項目包括七輕、大煉鋼廠兩大部分與工業港，因屬於高污染、環境生態高破壞的產業，且計畫區涵蓋的潟湖，是黑面琵鷺的主棲息地，加上南部用水不足，且二氧化碳減量已成國際環保趨勢，而受到環保人士的質疑。難怪蘇縣長不僅現在反濱南，擔任立委時，曾和一群環保人士結合，推動「反濱南、愛鄉土」運動，十年前還曾剃光頭，發動反濱南苦行，一時深受各界矚目。「京都議定書」已生效，而濱南案產生的二氧化碳排放量，達全國的百分之八點五，若開發勢必排擠其他工業，未來遭到廢止可能性極高。

捌、八輕（國光石化）計畫推展過程及其展望[15]

八輕計畫案進度仍於籌備階段，2006 年 3 月國光石化公司已將環境影響評估報告送工業局，投資地點仍然選在雲林離島新興區，有關該計畫推展過程及其展望分述如下：

一、推展過程

（一）規模躍升為亞洲最大

國光石化[16]各大主要股東在 2005 年 1 月 19 日齊聚一堂，正式成立國光石化科技公司；投資案的總投資金額也擴大為 6,000 億元以

---

[15] 整理自：國光石化投資案最新發展，石化工業第 27 卷第 8 期，P12-13。

[16] 業界指出，興建八輕的起始構想，在於整合非台塑體系的石化業者，藉著興建八輕之合作機會，一來賡續原先依賴中油進料之生產型態，二來藉產能及產品線之調整，各家廠商或可體現時勢，藉相互持股或策略聯盟等方式，達成合作目的，建構更為堅固的相依關係，以此形成之中油體系與台塑體系相互平衡。

業界表示，無奈中油與民間業者由於立場不同，對於興建八輕考量角度各異，不僅在於興建地點難以達成共識，就各自扮演角色與持股方式上亦有不同意見。

民間業者認為，中油應持續扮演其原先只供應石化上游基本原料之角色即可，其餘中下游產品則交由民間業者分配；中油方面亦認為其未來民營化後，當然是憑恃其上游原料之充分供應，而往下游附加價值較高之產品發展，以一個民營公司追求最高獲利之角度考量自也無可厚非，但此點卻與民間業者之計畫相互衝突。

此外，對於建廠地點之選擇，中油公司與民間業者亦有歧見。一開始的時候，中油與民營業者均看好屏東南州農場用地，但限於地方首長之反對和軍方打靶場遷建問題，拖延甚多時日，以致後來因政治因素考量，中油公司八輕籌備處選擇落腳於嘉義布袋鹽場，其餘民營業者均持反對觀望立場，自此國內其他民營業者均不甚看好八輕之興建。

另外，對於八輕是否可比照六輕援引投資抵減、銀行團聯貸等優惠措施，各家業者亦頗有意見。認為政府石化政策不應獨厚台塑六輕，不論七輕、八輕

上，躍升為亞洲近期最大石化投資案。首任董事長郭進財接受媒體訪問時表示：「國光石化是國內首見公民營合組、上下游全面整合的投資案，並以雙園區方式生產，一旦籌建完成，將可就近確保石油原料取得，維護國家能源安全；石化工業是製造業的領航者，不再是過去的傳統工業，而是資金、技術、人才密集的全方面高科技產業，不僅進入門檻高，還要有經濟規模，尤其石化材料是各項高科技基礎材料，國光石化案可望更加鞏固台灣高科技的發展基礎」。同時，國光石化也是中油成立 60 年以來啟動最大的投資案，因此對中油公司及國家石化產業發展而言，皆具有嶄新的意義。

（二）國光石化擬開放利比亞參與投資

中油計畫開放國光石化股權讓給利比亞認購，這是整個投資案涉及台灣、阿聯大公國外的最新發展。據媒體揭露，陳水扁總統認為中油公司可與利比亞建立進一步合作關係，陳總統去年率團出訪，成功過境訪問阿拉伯聯合大公國，透過高層會談，敲定金融、科技、石化、觀光、軍事等策略合作。未來台灣與也利比亞同意互設代表處，陳總統將接受邀請，赴利國訪問；未來台灣與利比亞兩國將推動雙邊實質

都應比照辦理。

其實，八輕之興建時機隨著廠址的選擇、民間業者的意願低落，已逐漸流失。即使目前急起直追，獲取各項優惠，中油公司亦難以取得和台塑站在同一起跑點的地位，更何況八輕計畫目前仍未明確成型。

中油董事長郭進財上任後每年都會拜會王永慶，討教石化經營的策略，而在一年多前的拜會中，王永慶明白告訴郭進財，「八輕一定要做」，中油如果沒有整合的基礎，台塑未來不會有良性競爭，台塑也會愈來愈沒競爭力，當時王永慶也建議，中油可以到雲林離島設八輕(2005-01-20／民眾日報／第02版)。

交流合作、協助非洲各國經濟發展，利比亞是北非重要產油國家，兩國在經濟上具良好互補關係。

（三）集團攜手共創產業新契機

　　在資本額分佈方面，其中雲林園區投資金額為 4005 億元，由中油投資 43%、遠東集團 20%、長春集團 20%、中纖 9%、富邦金創 4%、和桐 3%及磐亞公司 1%。國光石化園區攸關國內石化業下階段的續航力，中油主導的國光案，有 4005 億元預定在雲林離島工業區（有關投資額分佈圖請詳見圖 2-2-19）；也將與阿拉伯聯合大公國合作建置中東園區，投資金額約合新台幣 2000 億元。

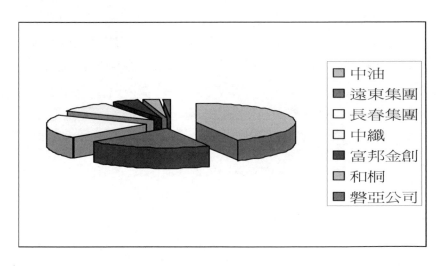

圖 2-2-19　國光石化投資額分佈圖

資料來源：本文整理製圖

二、未來展望

國光石化園區攸關國內石化業永續發展動能,在雲林離島工業區建置上、中、下游垂直整合的石化供應鏈,園區內含日煉 30 萬桶的煉油廠、年產 120 萬噸乙烯的輕油裂解廠,國光案另牽涉國家能源戰略,國光投資案除雲林園區,也將與阿拉伯聯合大公國合作建置中東園區,目前所需土地已完備,計畫啟動後預計 4 年後,國光的阿聯園區將早於雲林園區完工生產,雲林園區若能於今年下半年動工,預計民國 103 年可完工。

完工後整合上中下游的泛中油石化體系石化廠,將與台塑企業形成良性競爭之局面。依據中油估算,國光石化每年可創造超過 3500 億元產值,增加我國民生產毛額 0.91 個百分點,營運後每年約可增加中央及地方政府 443 億元稅收,並創造 25000 個直接及間接就業機會,可望帶動相關產業的投資與發展,以及 6500 億元的關聯產業間接產值,由於中東與亞洲新增產能是否能在 2009-10 順利完工仍未定;有研究顯示,未來仍有 6-8 座輕裂廠之原料缺口,由此觀之,國光石化投資案很有發展潛力,有關國光石化投資案項目內容請詳見表 2-2-14。

表 2-2-14　國光石化投資案項目內容

計畫項目	內容
煉油廠	每天可煉製 30 萬桶原油
輕油裂解工廠	每年可生產 120 萬噸乙烯
芳香烴廠	每年可生產 80 萬噸對二甲苯
中下游工廠	共 23 座石化工廠
工業港設施	設置 13 座工業專用港碼頭
電力設施	共 14 套汽電共生設備

資料來源:黃進為 2005 石化工業雜誌,27 卷第 8 期,P13

石化產業政策對輕油裂解廠的發展之影響分析

石化產業政策與輕油裂解廠之發展關係探討，係為本單元所關注之焦點，一手資料來自訪談與本研究有關之重要關係人（訪談資料請見附錄二）。

綜觀台灣石化上游工業政策變遷有以下幾個層面：一、政府角色由高度干預者轉為輔導與監督者；二、輕油裂解廠營運模式由國家專營走向民營化；三、產業策略從高度追求經濟成長轉為永續發展。

台灣石化工業發展之初期，在、人才與技術均不足的景況下，因輕油裂解廠的籌設資金龐大且風險性高，政府咸認應由公營企業來籌建與營運，因此進行政策干預並陸續興建多座輕油裂解廠。

台灣石化工業高度發展與政府政策介入興建輕油裂解廠，提供台灣石化工業發展所需之穩定、價廉的石化基本原料息息相關。惟近年來隨著投資環境變遷、環保意識高漲，政府的政策干預效能逐漸式微，政策方向逐步走向自由經濟模式，僅提供健全的投資環境及輔導措施，而將產業發展交由市場機制運作。

當前的台灣石化工業政策對輕油裂解廠發展之影響，仍受制於國際環保公約及國內環保抗爭影響，致使產能更新（三輕、五輕）（NO.3/

NO.5 Naphtha cracker）及新廠籌建（七輕、八輕）（NO.7/ NO.8 Naphtha cracker）受阻。

　　有關石化產業政策對輕油裂解廠的發展之影響分析如下：

壹、政策變遷

　　有關政策變遷面向的看法，政府人員 A2 認為：

> 這個問題其實很複雜，卻也很簡單，答案與政府的政治議題有相當的關係。過去威權統治時期，政府說往東走，誰敢往西走？我相信並沒有。石化業是整個總體經濟發展的火車頭，當時政治環境並沒有所謂的抗爭，政府進行的任何輕油裂解廠籌設計畫都很快達成，這就像我們現在看中國大陸一樣，他們要執行何種政策都很快，上頭說 OK 就 OK 了。

　　誠如先前筆者所述，我國輕油裂解廠的設立始於 1968 年，在政府有計畫性的籌建下，至 1978 年短短十年間，已興建完成三座輕油裂解廠，其籌建時間效率可謂相當快速，這與當時的政治型態有密切之關係。近幾年來，許多跨國的石化企業都前往中國大陸籌建輕油裂解廠，除著墨於中國大陸廣大潛在商機外，另一個重要的因素即是「威權統治」的政治型態，有利於石化上游此種大型石化計畫的完成。

　　政府人員 A1 認為政策的產生有其特殊意義，這看法是：

> 政策的產生，是因為發展出現問題才開始的，在台灣石化業發展之初（輕油裂解廠國營時期），政府講什麼就是什麼，人民也沒有意見（也不知道）。直到 80 年代五輕籌建階段，民

眾開始有環保意識，從那時候開始政府必須想辦法來因應，
從此之後才有所謂的石化政策。

受訪者環保人員 C1 表達了居民不同意輕油裂解廠的籌建與更新
的原因，以及石化廠家有義務讓廠區附近民眾無後顧之憂，該如何達
到和諧共生必須進一步進行溝通，他認為：

> 石化廠區附近居民不同意輕油裂解廠的籌建與更新的原因有
> 三個，第一是會影響健康，其次是造成環境污染，最後是對
> 自然景觀的破壞。如果說有對附近居民有利的條件、正面的
> 回饋，他們才會願意接受。
>
> 政府對輕油裂解廠的管理與環保要求要講清楚說明白，讓廠
> 區附近民眾無後顧之憂，也就是讓污染降到最低，如前面說
> 的對健康、環境污染，自然景觀三方面而言，若對環保提升
> 而又有回饋地方的作法，我相信民眾還是會願意的，政府政
> 策一定要朝此面向走才對，要不然民眾絕不會同意的更明白
> 的說法是，對民眾有利的部分一定要高於受到的影響。
>
> 應該讓廠方與民眾溝通清楚，並做一個保證的動作，這樣對
> 當地名眾有保障有利，而且處理的制度包含回饋等都要明確
> 制訂制度。除了金錢的回饋以外，還要對其後代子孫有有利，
> 廠方必須保證他們的健康及未來教育，這兩項應該就足夠
> 了，實際的作法如定期的健康檢查及健保費的優待等等，而
> 在教育方面，補助學費到那個求學階段，這些都要定的很清
> 楚，這些具體作法才會讓他們覺得有利啊！民眾並非要廠方
> 無法興建或擴廠，但要能能獲得共識才行得通。若沒有共識，

政府用讓廠方進行建廠，那是絕對不行的，即便未來開始動
工，民眾不斷的抗爭廠方會安心嗎？這些抗爭是持續不斷
的，許多興建工程因而一拖就是好幾年，例如核三廠就是。
我認為廠方與民眾可行的協調模式，可透過各戶的戶長會
議，鄉的調解委員會或各地方的協會等組織，大家坐下來談，
形成共識後做成表決，有會議紀錄做為依據，雙方也能放心，
到時候政府執行公權力大家也沒話說，有會議紀錄為證。地
方的民意代表及環保團體也可做為協調的中間人，例如地方
代表會、縣議會及立委都是很好的中間者。

民眾抗爭輕油裂解廠的籌建與更新的模式包括：圍堵廠房出入
口、示威抗議、陳情及環保團體串連等等，這些手段無非是要阻止輕
油裂解廠的籌建與更新的進行。不過 C1 認為合理的回饋機制及善意
的溝通都有助於民眾與石化業者凝聚共識。

而石化業者 B1 對現階段政府石化政策的看法是：

要談到政府政策恐怕要看當天的心情，有時候因為情緒不
好，恐怕會出言不善。事實上經濟部對石化業的發展有很好
的政策，像前經濟部長何美玥及工業局長陳昭儀都是，他們
都有一個想法，石化工業要在台灣發展，而且現在台塑企業
發展的很好，甚至超過中油國營事業，而只有一家發展的好
並非好事，所以政府會希望國內有兩個石化體系並駕齊驅，
一個是台塑系統另一個是中油與其系他民營業者共同組成的
系統，例如目前剛成立的國光石化科技公司就是，但該公司
所籌畫在雲林的投資計畫與台塑六輕很類似，因為產品相同

部分，必然造成相互競爭，但我也不擔心，因為我相信從業者一定能解決此問題。

足見石化業者認為經濟部官員對石化業的發展有很好的政策，惟在政策落實及石化上游雙體系的發展層面，仍有待進一步觀察。

貳、石化工業的大陸政策

根據石化公會理事長周新懷指出[17]：我國石化上游之開放登陸，是推動國際化之一環，大陸石化市場之潛力大，業界咸認應適時在大陸市場卡位；設立輕油裂解廠可與國內先前已外移設廠的中下游業者結合，發揮群聚效應，供應所需的烯烴、芳香烴等基本原料。我們（石化公會）持續向政府相關單位提陳建言與說帖，並澄清及消除上游登陸會造成產業空洞化與資金失血等的疑慮。

基本上政府與業界看法一致。最近公會代表再度拜訪新任經濟部長，請政府開放石化上游赴中國大陸投資興建輕油裂解廠，具體說明投資一個包括輕油裂解廠的石化中心約需新台幣 1,500 億元，其中約三分之二資金可由大陸銀行與國際金融體系獲得貸款，同時回頭向台灣採購 520 億元的設備，真正要從台灣匯出去的錢其實不是很多。

另外業者也強調，台灣石化廠家在大陸投資已不少，但都僅限於像原料可外購、易於運送的苯乙烯系之類產品，因為沒有輕油裂解廠生產乙烯、丙烯等基本原料。頃有媒體多次報導稱，石化上游登陸，可望於年底開放，事實上仍有待觀察。

---

[17]　石化公會 93 年度會員代表大會獻詞，2005 年 8 月 18 日。

石化業者一直希望政府早日調整石化工業的大陸政策，適時開放業者赴大陸設立輕油裂解廠，石化業者 B1 認為：

> 過去中國大陸鋪紅地毯高規格期待我方去設廠，不過現在已經無所謂了，但我認為目前大陸只剩一個位子讓我國去設廠，可是現在「積極管理」的政策下就更難了。基本上從事石化發展，不是與原料相近就是與市場相近，而中國大陸是現在石化業的廣大市場，所以有人問我台灣為何不去大陸發展石化上游，我也很難回答。若國光石化投資案通過了，建廠也要 8-10 年，也許那時政經發展與兩岸關係已和現在不同我不知道，但是若國光生產的原料要運到大陸需要花費運輸成本與時間，並且還有稅率問題。我想政府經濟部門頭腦都很清醒，也知道很多，但是就是幫不上忙。

由上述意見觀之，石化業者認為現階段政府在「開放業者赴大陸設立輕油裂解廠」的議題上相較以往更嚴格。但就利基上來看，政府若調整石化工業的大陸政策，對業者開拓中國大陸是的廣大市場很有幫助。

對於現階段政府石化工業的大陸政策，對開放業者赴大陸設置輕油裂解廠是否有利，A1 政府人員的觀點是：

> 原本政府就限制台灣石化業者到大陸投資輕油裂解廠，因此「積極管理、有效開放」的經貿政策對這件事可以說沒有影響。但也可解讀「有效開放」是說大家都同意了才開放，那麼以前本來就不能去，而現在要更管，那不是表示更困難了。我覺得這些都是文字遊戲，無法開放去設廠才是事實。

A1 政府人員繼續分析政府遲遲不開放業者赴大陸設置輕油裂解廠，其最大的問題癥結在哪裡？A1 的說法是：

> 工業局和政府其他單位就開放赴大陸設置輕油裂解廠的問題已經溝通五年多，發現最大的問題癥結在陸委會，該單位認為一旦開放台灣業者赴大陸投資輕油裂解廠，將會發生投資的帶動效應。去設了一家石化上游，把台灣的中下游都一起帶過去了。其次是國家安全的考量，輕油裂解廠投資金額大，台灣的投資者將可能因利益的關係被中國大陸統戰。

A2 政府人員則認為：

> 「積極管理」必須站在一個角度，政府可以不同意台灣石化業赴中國大陸設置輕油裂解廠，但理由必須讓人信服。現階段政府不同意的理由是輕油裂解廠是高技術及高資金，這理由根本說不過去。

A2 政府人員進一步分析指出，為何輕油裂解廠非高技術及高資金，他的說法係為：

> 現在只要有錢，就能買到輕油裂解廠的技術，這技術也非我國研發的。另外，高資本，台灣業者若要投資，也必須是貸款的，若怕業者將台灣資金外移，大可限制不得向本國營行貸款或限制資金上限。所以以投資輕油裂解廠是高技術高資金的理由，代表政府制訂政策單位根本不懂。若我是政府單位，我會開放，讓他們信服，但做不做的成，要看他們自己去擺平。另外，我也不相信中國大陸會核准台灣業者前往設

立輕油裂解廠，因為審核此類案件的公司為中國大陸的中石油與中石化，這些公司自己就是營運輕油裂解廠的企業，在沒有任何商業利益的前提，不太可能會核准的。除非為了政治議題「統戰」，或許還有可能性存在。

綜合上述 A1 及 A2 兩位政府單位受訪者得知，他們共同認為政府深怕業者前往中國大陸設立輕油裂解廠，怕業者被統戰的疑慮甚高。另外 A1 認為一但開放台灣業者赴大陸投資輕油裂解廠，將會發生「投資的帶動效應」，也就是說去設了一家石化上游，把台灣的中下游都一起帶過去了。

A2 對政府的政策態度開放性極高，認為應該先有開放的作法，再談其他問題，否則會讓業者認為政府的限制係基於意識型態或政治因素考量，進而對政府失去信心。

參、政府當前的石化產業政策對輕油裂解廠的發展之影響分析

政府人員 A1 對政府當前的石化產業政策的看法為：

現在相較於威權時期大不相同，政府無法有明確性，OK 就OK，不 OK 就不 OK，有時候上頭（行政部門）說 OK，結果下面（地方政府或民眾抗爭）說不 OK，結果還是繼續拖，無法解決，或許這就是民主社會必經的過程吧！任何的決策或程序在進行的過程之中，必然造成內耗，即便是一個好的政策，卻因為對兩邊的利益團體有所不同，而有所影響。

　　由上述說法可以發現，現階段政府的石化工業政策雖有原訂的方向及目標，但行政體系推展過程所做的努力，可能因地方政府或民眾反對抗爭而中斷或受阻。由此觀之，即便是一個好的政策，卻因為對兩邊的利益團體有所不同，而有所影響。筆者認為，台灣民主化後，由於政權的取得與選票息息相關，因而民眾的意見逐漸被地方政府所重視，基於利益比較考量，可能抵抗行政部門之政策。政府人員 A2 的說法十分接近這樣的觀點，A2 認為：

> 三輕更新應地方政府顧及選票問題，當地民眾認為高廠要遷，我們（指民眾）就不是人嗎？那我們也要三輕遷廠，此魔咒不解開，高雄地區輕油裂解廠問題將無法解決。

　　另外，從輕油裂解廠的籌設到正式取得建照可以興建之過程，亦可以見到民意及地方政府所具有的分量，根據 A2 的分析為：

> 石化廠等重大耗能產業投資案，必須報請經濟部工業局同意後，送環保署環評審核（通過環保法規）。另外，建廠土地之取得，則必須通過內政部營建署「區域可行性評估」，該報告之完成地方政府是否同意佔及關鍵之角色，例如在該縣市設石化廠是否符合當地都市計畫，此乃隸屬地方自治的管轄權，因此，地方政府與石化廠投資案是否拍板定案關係密切，七輕投資案，即是在此環節遭到駁回。不過我不是說環保署環評審核不重要，其實也是相當重要的。
>
> 為何石化廠等重大耗能產業投資案必須報請經濟部工業局同意，主要作用是表示工業局對此投資案背書並認同，在後續的環評審核及區域可行性評估都通過後，政府才能做投資案

　　之公告，之後由地方政府發給石化廠建照及污染排放許可
證，即便是「雲林離島工業區」也是一樣的作法。若地方政
府不同意，投資案是無法執行的，光工業局同意是沒有用的，
沒有地方政府發的建照，如何建廠？

　　由上述 A2 的分析得知，相較於威權時代，現階段石化產業政策
對輕油裂解廠的發展之影響極大，石化上游的籌設過程繁雜，步驟如
下：一、必須由先報請工業局核示同意後；二、再送環保署進行「環
評審核」；三、建廠土地之取得，則必須通過內政部營建署「區域可
行性評估」。其中，第三點乃隸屬地方自治的管轄權範圍之內，若地
方政府不同意，沒有建照如何建廠？七輕計畫就是一個例子，雖該案
已通過環保署環評審核，惟地方政府顧及民眾反對聲浪，堅持不讓七
輕建廠，七輕至今仍無法開工新建，逐漸「民意」具有關鍵性的角色。

　　根據台灣區石化公會的資料顯示，1999 年東帝士七輕計畫通過
最後環評。惟因地方民眾抗爭，七輕籌建計畫至今仍呈現暫停狀態，
對於積極提出籌建計畫的八輕而言，七輕案例始終像揮之不去的陰
影，石化業者 B2 說到：

　　　高廠因為 104 年必須拆遷，中油提出高廠就地更新的計畫，當
　　　時地方民眾分為兩派。一派認為許多服務業依附在高廠之下，
　　　若高廠遷走，對當地的產業與就業會有衝擊，將會有當地勞工
　　　失業。但另一派則堅持 25 年必須遷廠，不可能有其他條件。
　　　所以八輕最後還是找到雲林離島工業區，當時的縣長也是支持
　　　的，不過現在新的縣長上任後，說要課徵地方稅，投下新的變
　　　數。另外，中油也曾提出三輕、四輕的更新計畫，就拿三輕為

例，政府通過了、環評也過關、政府也公告了，應該可以執行，但民眾開始抗爭了。所以談到政府政策就必須釐清，到底是要發展經濟，還是要環保，但很多高舉環保的旗子行自私的目的，這些幕後人士我們就無法說了，總之，政府要清楚的看到兩者之間要有平衡點。如果環保無限上崗，台灣石化產業發展會出現大問題，我們不能忽略環保，這之間要尋找一個平衡點，環保團體不顧民眾生計與國家經濟發展，一味朝綠色主義前進，對台灣輕油裂解廠新投資計畫衝擊甚大。

表 2-2-15　民意抗爭與輕油裂解之建設的非零和賽局

		環保團體		
		重環保 輕經濟	重經濟 輕環保	環境保護與 經濟發展並重
建輕油廠	重環保	+10	X	X
	輕經濟	－10	X	X
	重經濟	X	－10	X
	輕環保	X	+10	X
	經濟發展與	X	X	+5
	環境保護並重	X	X	+5

資料來源：參考吳定 2003：P43 自行繪製。

　　筆者認為，在民意抗爭與輕油裂解之建設的非零和賽局中（詳如表 2-2-15），絕對的重環保，那就無法發展經濟；絕對的重經濟，那就沒有環境保育可言，若能做到經濟發展與環境保護並重，相對來說是非零和賽局中雙贏的作法，也是政府政策能達到最少損失的方案。

　　對於石化工業之發展問題，經濟部工業局 2005 年時進行了相關之研究，並著手研擬因應策略及未來的藍圖。發展策略有「適度擴充

規模，發展雙石化工業體系」、「站穩經濟規模之優勢，發展高值化石
化品」及「整合石化產業之經營運籌體系」等三項。相關政策內容
如下：

策略目標
本項策略目標係為加強未來藍圖實現之可能性，擬於政策及行政措施上進一步進行輔導修正，研擬之策略目標如下：整合建立台塑之外另外一個石化中心，讓二體系進行良性競爭。推動萬噸級高值化石化產品之投資。台塑體系六輕計畫整合度高，中油體系各石化業者應合作投資、併購或在產銷等經營上進行整合。整合大陸華東、華南石化市場，以台灣為儲運、生產、行銷中心。
發展策略
為達成石化業未來發展藍圖及策略目標，研擬之發展策略如下： 1. 適度擴充規模，發展雙石化工業體系。（1）運用石化工業現有環境資源，更新石化設備及產能、推動新興石化工業區，適度擴大石化規模，作為進行石化產品高值化之強力後盾。（2）推動台塑、中油雙體系發展，以健全、平衡石化產業發展。 2. 站穩經濟規模之優勢，發展高值化石化品。（1）積極開發高值化石化產品，與適度擴充規模並行，進行雙軸發展。（2）結合國際化工企業之能量，推動成為遠東地區關鍵性原料供應中心及技術支援中心。（3）加強研究發展，開發新產品，提升產品等級及生產技術。 3. 整合石化產業之經營運籌體系。（1）推動石化產業上中下游進行策略聯盟，鼓勵合併或協助石化運籌體系之建立，以台灣為兩岸石化營運中心。（2）建立台灣石化電子市集，以全球市場為目標。（3）協助業者整合大陸華東、華南區域與台灣供需體系。（4）對於在台灣已有相對投資之石化業者，朝適度開放赴大陸設立輕油裂解廠之方向推動，以均衡及健全石化業於兩岸間之銷售體系，緩和目前對大陸之出口依賴。

　　綜合上述，筆者認為，近幾年來台灣輕油裂解廠的發展受限，其
背後的影響因素甚多，這與國際環保公約京都議定書的正式生效有相
當的關係。另外，國內的環保抗爭魔咒若不解除，將對目前新的投資
計畫與更新案投下變數。

　　三輕計畫已獲政府同意，石化業者無不寄予厚望，但林園鄉長與
護家園協會總幹事 2006 年 3 月 23 日率領近千名鄉親到立法院進行關

切，致使三輕更新計畫的95年工業區開發部分預算23億元遭到立法院經濟、內政聯席委員會決議刪除。中油公司石化事業部則表示，將繼續與林園鄉親進行溝通，對於地方提出的各項反對意見，也會進一步研究，以最大誠意爭取林園鄉親認同。三輕更新案攸關台灣石化未來的發展，若該案無法落實，未來下游石化廠商很可能進一步外移，嚴重影響台灣石化業及國家經濟發展，持續努力化解地方的反對聲浪勢必成為中油的重要使命。

有關國光石化科技公司投資案近期發展的焦點，乃是行政院長蘇貞昌力表支持該投資案，並認為該案為政府「拚經濟」的一項重要指標。國光石化科技案環境影響評估報告也於3月初送工業局，投資地點仍然選在雲林離島新興區。雲林縣政府擬針對有意進駐雲林離島工業區的廠家開徵地方稅也引起各界矚目，是否將大幅增加國光石化科技投資案的投資成本，仍有待進一步評估。

政府的政策必須兼顧到經濟、社會及環保三個面向，若一味因環保抗爭而不顧經濟與社會層面之需求，對國家整體發展不具正面幫助。三輕計畫政府已經通過，那就應該讓它執行。更新現有設備還能減低耗能及提升環保，並使產能可以大幅提升，這對經濟、社會及環保豈不是很好的方案。

未來的輕油裂解廠的角色必須要脫胎換骨，朝生產生化、醫療及高值化石化原料，除滿足國內高科技產業的原料需求外，也進一步提升石化上游的技術與形象。另外，景觀也很重要，若能讓藝術家進駐到石化園區創作，將廠區藝術化，並開放一些較不危險的廠區給民眾參觀與休憩，便能進一步化解居民對石化廠的刻板印象，石化廠也能融入都市景觀，就像觀光團到台西去看風力發電車一樣。

另外，經濟部工業局之石化工業策略目標，冀期能整合建立台塑之外另外一個石化中心，讓二體系進行良性競爭；推動萬噸級高值化石化產品之投資；中油體系各石化業者應合作投資、併購或在產銷等經營上進行整合；整合大陸華東、華南石化市場，以台灣為儲運、生產、行銷中心等等。策略目標的落實，除政府行政部門的全力投入外，更需尋求地方政府及民意的支持。而在整合大陸華東、華南石化市場，並以台灣為儲運、生產、行銷中心的構想，必須適時開放業者赴中國大陸投資石化上游，就近提供石化基本原料，俾能使此策略早日達到成效。

台灣石化工業之永續發展，必須兼顧經濟、社會與環境三層面，政府政策一方面應輔導業者做好環境保育，一方面應能展現公權力去除非理性抗爭，在理性和諧的氛圍中全力發展經濟，則石化產業永續發展之路海闊天空。

肆、研究發現與建議

我國石化產業自 1968 年第一輕油裂解廠完工以來，以逆向整合（backward integration）的方式逐步完成一貫作業的架構，嗣後造就台灣贏得雨傘、輪胎及玩具等王國之美譽，對所謂『台灣經濟奇蹟』貢獻斐淺。

政府的產業政策及產業發展策略都是幫助達成產業發展績效的因素，由於推動重大產業新興產業的風險，可能是私營企業所不能或不願負擔的，而公營企業擔綱可以是將重大投資風險社會化的一種有效方式。從「幼稚工業保護理論」觀之，台灣經濟發展之初期，資金、

人才或技術均不足的景況下，輕油裂解廠的籌設資金昂貴且風險性高，政府加以扶持及保護，由國營單位來推動，並依照產業的需求，陸續興建多座輕油裂解廠。因此台灣整體石化產業之崛起的特徵係從下游的勞力密集之塑膠加工業開始，進一步提供中上游發展之機會，使台灣石化業持續成長。

　　台灣石化產業發展過程中，雖因政府政策強力干預而使其高度發展，惟隨著投資環境變遷、環保意識高漲，政府的政策干預效能逐漸式微，政策方向逐步走向「自由經濟成長理論」，僅提供健全的投資環境，將產業發展交由市場機制運作。

一、研究發現

　　本文綜合石化產業政策之演進、輕油裂解廠的設立與發展及石化產業政策對輕油裂解廠的發展之影響分析，研究發現陳述如以下各點：

（一）石化產業政策的發展與變遷

　　民主化驅使石化政策之產生，政府對石化產業發展政策之角色由高度干預者轉為輔導與監督者。政府人員認為石化政策的產生，是因為發展出現問題才開始的。在台灣石化業發展之初，政治形態屬於威權專制，政府的政策人民沒有直接表達意見的途徑，也沒有太多意見。直到 80 年代五輕籌建之初，台灣進入民主化階段，民眾開始有環保抗爭，開啟權與能互動模式的新頁。人民能夠自由的表達意

見，從那時候開始政府必須想辦法來因應，從此之後才有所謂的石化政策。

　　政府成立環保署，相關石化上游等重大耗能投資案，必須報請經濟部工業局同意後，送環保署環評審核（通過環保法規）。另外，建廠土地之取得，則必須通過內政部營建署「區域可行性評估」報告，該報告之完成地方政府佔關鍵之角色。七輕投資案即是一個鮮明的例子，雖已通過環保署環評審核，卻因地方民眾與地方政府極力反對而無法進行建廠。

　　石化上游等重大耗能投資案報請經濟部工業局同意，主要作用是表示工業局對此投資案背書並認同，在後續的環評審核及區域可行性評估都通過後，政府才能正式做投資案之公告，之後才由地方政府發給石化廠建照及污染排放許可證，若地方政府不同意，投資案是無法執行的，而工業局同意也變遷為程序的環節，並無實際權能，沒有地方政府發的建照，是無法建廠的。而地方首長係為民選，從而人民的意見遂成地方政府決策的重要關鍵。

（二）環境保育與石化產業政策變遷

　　政府人員及石化業者皆認為，環境保育是導致石化產業政策變遷的最主要因素，其觀點可分為外在與內在兩股壓力：

1、外在壓力

　　（1）2004 年 2 月俄國通過京都議定書，使得京都議定書正式生效，這是全球環保的一項重大指標，全球更加對環保議題關

注。在此情況下，石化產業係屬高耗能產業之一，形成由外往內之壓力，迫使政府對重大輕油裂解廠的投資案不得不嚴加把關，若未能符合京都議定書之規範，則將可能受到經濟管制或制裁。所以國內政府官員也必須有所因應，而受到影響。

(2) 美國及歐洲等國家一直以來皆在提倡環境保護措施，而國內相當多數之官員皆自這些國家留學回來的，這些留學生對環保要求日益嚴謹，石化產業長久以來高污染的刻板印象，相對國內其他高科技產業而言，環評審查壓力較大。

2、內在壓力

過去威權統治時期，政府政策的干預效能高，相關產業政策屬精英決策模式，當時政治環境並沒有所謂的抗爭，政府進行的任何輕油裂解廠籌設計畫都很快達成，就像我們現在看中國大陸一樣，政府要執行何種政策都很快。

1988 年林園石化中心因污水處理廠故障導致污水外流，激起民眾激烈抗爭，中油公司數人頭賠償 12.7 億元，開啟台灣環保抗爭的序幕；五輕計畫乃作為汰換老舊一二輕而籌建，但由於地方人士發動抗爭反彈，因此中油與地方協議於 25 年內陸續遷移高雄煉油廠，並付出高額的地方回饋金。政府政策於環境保育與石化產業發展著力點，一方面持續促進投資環境改善，另一方面做為環保抗爭發生時的協調者。

（三）石化工業的大陸政策變遷

海峽兩岸石化工業之正式接觸始於 1990 年，隨著中國大陸經濟快速的成長，大陸市場儼然成為業者兵家必爭之地。以 2005 年為例，台灣五大泛用塑料（LDPE 佔 71.2%、HDPE 佔 76.6%、PP 佔 84.9%、PS 佔 70.1%、ABS 佔 84.7%）的總產量七八成係銷往中國大陸市場。由此觀之，大陸市場對台灣石化業者的重要性可見一斑。準此，石化業者強調，石化上游之開放登陸，是推動國際化之一環，台灣石化廠家在大陸投資已不少，但因為無法在當地設立輕油裂解廠生產乙烯、丙烯等基本原料，致使競爭力受限，石化上游登陸，可謂台灣石化業者眾所期待之政策。

對於政府當前兩岸經貿政策由「積極開放、有效管理」更易為「積極管理、有效開放」後對輕油裂解廠的發展之影響，政府人員認為原本政府就限制石化業者到大陸投資輕油裂解廠，因此「積極管理、有效開放」的經貿政策對此事可以說沒有影響；「有效開放」係指大家都同意了才開放，那麼以前本來就不能去，而現在要更嚴格把關，那表示更困難了。

政府遲遲未開放業者到大陸投資輕油裂解廠，最大的問題癥結在陸委會，該單位認為一但開放台灣業者赴大陸投資輕油裂解廠，將會發生投資的帶動效應。去設了一家石化上游，把台灣的中下游都一起帶過去了。其次是國家安全的考量，輕油裂解廠投資金額大，台灣的投資者將可能因利益的關係被中國大陸統戰。

石化業者認為，過去中國大陸高規格期待我方去設廠，可是在「積極管理」的政策下就更難了。基本上從事石化發展，不是與原料相近就是與市場相近，而中國大陸是現在全球石化業的廣大市場，台灣為

何不去大陸發展石化上游？實在說不過去。若國光石化投資案通過了，建廠也要 8-10 年時間，但是若國光生產的原料要運到大陸需要花費運輸成本與時間，並且還有稅率問題，政府經濟部門應考慮產業成本效益。

（四）輕油裂解廠角色的變遷

輕油裂解廠在我國石化產業發展過程一直扮演著關鍵角色之一，也是維持並持續該產業的結構必要基礎。尤其在台灣經濟發展之初，政府為促進石化下游進一步發展與提高競爭力，因此將資金昂貴風險性高的石化上游由政府來籌設與經營，以便提供中、下游業者所需的石化基本原料；三十多年來證明，石化產業從無到有的高度發展與輕油裂解廠的設立息息相關。

石化業者認為台灣經濟發展之初，大都發展勞力密集的產業，所生產的產品也都銷到國外。由於許多石化下游產業都必須由國外進口原料，成本相當昂貴，也缺乏國際競爭力。政府當時確認出口導向的產業方針，必須仰賴持續穩定且廉價的基本原料，因此開始有發展石化中、上游的打算。由於輕油裂解的籌設資金昂貴且風險性高，因此政府認為應由國營單位負責，並依照產業的需求，陸續興建多座輕油裂解廠，並在民國七十年初，扶植產生很多的石化中游廠家。在兩次能源危機的時候，政府提出產銷次序與關稅保護措施，讓台灣石化業度過艱難時期，直到民國八十年後，才開放輕油裂解廠民營化（台塑六輕計畫）。台灣曾贏得雨傘、輪胎及玩具等王國之美譽，與輕油裂解廠的設立有密切之關係。

　　另外，中油公司與下游石化廠家的「基本原料價格合約制度」，這也是台灣石化業可以發展起來的重要關鍵之一。一直以來中油所提供的石化基本原料合約價，遠低於國際市場現貨價格，讓石化廠家所生產的原料具有價格競爭力，此係為輕油裂解廠的重要角色之一。

　　惟隨著石化下游工廠外移，石化業者所生產的中間原料大都出口到台灣以外的中國大陸等國家，輕油裂解廠的角色也和以前不同。政府人員認為輕油裂解廠要朝生態景觀工業區的方向發展，其角色要脫胎換骨，改以生產生化、醫療及高值化石化原料，除滿足國內高科技產業的原料需求外，也進一步提升石化上游的技術與形象。另外，景觀也相當重要，許多外國廠家將石化廠外觀設計成藝術造型極有創意，我國可以加以學習，讓藝術家進駐到石化園區創作，將廠區藝術化，並開放較不危險廠區讓民眾參觀與休憩，進一步化解居民對石化廠的刻板印象，石化廠也能融入都市景觀，就像觀光團到台西去看風力發電車一樣。這些要結合建築設計與藝術生態，雖然會增加一些石化廠家的投資經費，但一定要做的。

（五）當前的石化產業政策與輕油裂解廠的發展

　　針對現階段台灣石化上游發展趨緩、受限，舉凡東帝士（七輕）與國光石化（八輕）是否興建、是否開放業者前往中國大陸設置輕油裂解廠；三輕、五輕就地更新是否落實、國內投資環境能否持續改善；民眾非理性抗爭之干擾因素如何排除等，皆與政府石化政策密切相關。

政府人員表示，現在相較於威權時期大不相同，政府無法有明確性，政府的政策受地方政府或民眾抗爭時，尚無有效的處理機制，讓許多的輕油裂解廠投資或更新擴廠案繼續拖延，無法解決，或許這就是民主社會必經的過程吧！任何的決策或程序在進行的過程之中，必然造成內耗，即便是一個好的政策，卻因為對兩邊的利益團體有所不同，而有所影響。

石化業者咸認，經濟部對石化業的發展有很好的政策，那就是發展雙石化體系。現在台塑企業發展的很好，甚至超過中油國營事業，而只有一家發展的好並非好事，政府希望國內有兩個石化體系並駕齊驅，一個是台塑系統另一個是中油與民營業者共同組成的國光石化科技公司。

高廠（五輕）若必須在民國 104 年前如期遷廠，將對台灣石化工業造成衝擊，不只是影響高廠而已，而是一連貫性的影響。首先，高廠所在地之高雄仁武地區之土地被限制無法再更新，也就是無法再擴廠。其次是高雄地區已經通過「高高屏地區總量管制」，限制該地區不能再進入設廠。十年的一個循環時間也到了，高廠是否如期拆遷，政府必須要有明確的政策，另外高廠遷移對大高雄經濟會有不良影響，長期以來依附在高廠的服務業將會受到衝擊。因此經濟部將會再行文行政院作最後決定，若真的高廠一定要遷，廠商也要時間另起爐灶，但長久以來的一貫體系就此收起來，對經濟效益影響很難評估，也相當可惜。而三輕更新案應地方政府顧及選票問題，當地民眾認為高廠要遷，那也要三輕遷廠，此魔咒不解開，高雄地區輕油裂解廠問題將無法解決。

原始人看到森林大火時，若當時認為火很可怕，應該限制與遠離，或許今日人們還吃著生食呢？石化工業的發明，提供現代人舒適生活與無數便利。台灣環境保育雖固然重要，但只要環保不要新石化建設的思維，對整體國家發展而言是否為最佳或唯一的選項？值得政府再深思。

二、研究建議

（一）環保政策面的建議

台灣素有美麗之島之稱，環境是國人之寶貴資產。政府在台灣推動石化工業已超過三十年，由於台灣國民所得已提昇至已開發國家之林，所以人們對生活環境品質的要求也與日俱增，可是任何一種工商活動或多或少都會對環境產生污染，與環境污染基本上是呈現正相關，但每一個人又都希望既能享受工業文明而又遠離工業污染，這種矛盾實質上是一個無法徹底解決的難題。

近年來，環保意識已由公害的防制、健康的維護，提升為建立舒適美好的生存環境。隨著台灣民主化後興起的環保抗爭，致使石化產業發展緩慢、受限，環保抗爭猶如產業發展之魔咒。

產業發展與環境保護看似對立，卻也可以相輔相成，乃看政府的環保政策居中協調，始有能效。政府近年來十分注意推動環保工作，行政院環保署所制訂得環保標準幾乎完全與世界先進國家同步。因此政府應輔導石化業者污染防治、提升環保工安，並朝生態景觀及建立美好舒適環境的目標前進。另外，政府面對民眾非理性抗爭時，亦應

展現公權力維護石化業者之權益，若一味因環保抗爭而不顧產業發展層面之需求，對國家整體發展將不具正面幫助。

（二）強化國際競爭力面的建議

近年來，我國非台塑體系之石化上游發展趨緩、受限，情境如似一首短詩：只有翅膀而無身軀的老鷹，展望前程，在哭笑之間，不斷飛翔。

我國石化產業在台灣經濟發展過程及現況皆佔有舉足輕重之角色，其特點與重要性包括：資本密集、技術密集、勞力密集；一貫作業生產體系，關聯產業多；為傳統產業與高科技產業提供原材料；為支撐國家經濟發展必需之關鍵產業。石化產業對台灣經濟之卓越貢獻於以下幾面向：由進口原料加工，奠定工業基礎，創造極可觀（超過 70 萬人）之就業機會；石化中上游原料之自製，使我國成為世界第十二大之石油化工國家；走過成衣王國、雨傘王國、製鞋王國、資訊電腦王國之階段，創造台灣經濟奇蹟。

在世界各國皆不斷提升石化產能，包括美國 BP 公司在美國德州 Choc. Bayou 的乙烯廠正進行擴建工作，預期 2005 年後將使 Choc. Bayou 廠乙烯年產能提高至近 200 萬噸；中國大陸福建煉化與 Exxon Mobil 及 Saudi Aramco 合資位於福建泉州興建年產 80 萬噸乙烯的煉化一體裝置已於 2005 年 7 月開工興建，而新疆獨山子及鎮海煉化等多個年產 100 萬噸乙烯級之石化專案也陸續實施；Jam PC 公司在伊朗興建年產量高達 132 萬噸乙烯之乙烷裂解工場則預計將在 2006 年投產，另外其他世界各國的石化產能擴充及興建不勝枚舉。在此同

時，我國卻反其道而行，受限於環保抗爭，無法推動相關石化上游之舊廠更新及新廠興建，國際競爭力逐漸喪失中，因此呼籲政府調整產業政策，展現公權力，儘速推動以下措施，以便強化台灣國際競爭力，落實政府拼經濟之決心。

1、推動舊廠更新，提升工安環保（三輕、五輕）

中油公司高雄地區生產之石化基本原料，供應涵蓋仁武、大社、林園及大發地區各石化中下游業者所需原料，與該等業者形成泛中油石化體系三輕更新計畫係因興建之工廠，都是在歐、美、日等石化先進國家本身目前正在使用或即將使用之最新技術，在污染物排放控制上已有長足之進展，預期該計畫並將隨未來科技水準之提升，再配合予以同步更新，應能將工安環保工作做到國際水準。三輕更新計畫政府已經通過，那就應該讓它執行。更新現有設備還能減低耗能及提升環保，並使產能可以大幅提升，這對經濟、環保豈不是很好的方案。

中油五輕係基於淘汰一、二輕而籌建，五輕若在民國 104 年如期遷廠，將對台灣石化工業造成衝擊，不只是影響高廠而已，而是一連貫性的影響。五輕不能遷、無法遷、也無處遷，油品及石化原料輸儲設備錯綜複雜，遷建所費不貲，技術難度極高。惟當年政府未發揮公權力，又非理性抗爭下承諾，如今時空變異，應重新思考。仁大石化區與五輕可謂相依為命，猶孕婦與胎兒，無法割捨。並且由經濟面看，拆遷五輕並不符合經濟效益，政府應協助中油將五輕就地更新，轉型為高科技石化專區，並輔導更新過程必須符合環保要求，為廠區附近居民做好環境保育之監督工作。

2、推動石化上游產能擴充，支持（七輕）與（八輕）的興建

東帝士（七輕）計畫案已經通過環保署最終環評，該計畫對我國石化產業發展極重要，包括：續提高國內石化原料自給率；生產以芳香烴系為主，提供國內人纖原料龐大需求；歷 5 年時間，88 年底通過最後環評，落腳濱南工業區，促進貧瘠地區之繁榮。七輕計劃之推動初步決定由東帝士集團主導，石化公會協調業者參與投資，投資項目有港灣建設、土地開發、汽電共生、煉油廠、公用廠、烯烴廠、芳香烴廠等。

國光石化園區攸關國內石化業永續發展動能，在雲林離島工業區建置上、中、下游垂直整合的石化供應鏈，園區內含日煉 30 萬桶的煉油廠、年產 120 萬噸乙烯的輕油裂解廠，國光案另牽涉國家能源戰略，國光投資案除雲林園區，也將與阿拉伯聯合大公國合作建置中東園區，目前所需土地已完備，計畫啟動後預計 4 年後，國光的阿聯園區將早於雲林園區完工生產，雲林園區若能於今年下半年動工，預計民國 103 年可完工。

完工後整合上中下游的泛中油石化體系石化廠，將與台塑企業形成良性競爭之局面。中油估算，國光石化每年可創造超過 3500 億元產值，增加我國民生產毛額 0.91 個百分點，營運後每年約可增加中央及地方政府 443 億元稅收，並創造 25000 個直接及間接就業機會，可望帶動相關產業的投資與發展，以及 6500 億元的關聯產業間接產值。

（三）永續發展面的建議

　　根據盧誌銘指出：永續（sustain）一詞來自拉丁文"sustenere"，意思是「維持下去」或「保持繼續提高」之意（劉阿榮 2002：P28）。2005 年 11 月經濟部所召開之「如何讓台灣產業永續發展」座談會，經濟部對未來台灣重大投資案的立場是：一、做好環保[18]及地方回饋；二、要求二氧化碳排放，要做到最佳可行技術，排放最少；三、以供應國內需求為優先考量，提高國內產業競爭力。另外，為因應全球氣候變遷，台灣的產業結構是否也要跟著調整是眾所關心的議題。其中新興產業、高附加價值、產業關連性大的產業，將是未來發展重點；至於舊廠方面，則要求汰舊換新、並以優先供應國內市場為考慮原則。根據經濟部之產業永續發展政策包含以下幾個面向：

1、產業永續發展之政策

　　整體而言為─建立政府與民間推動產業界達成「環經效率之各項整合性技術及管理工具。其重點包括：基本資訊之建立及擴散宣導；整合相關之標準、制度及推動管道；以「示範行業」為核心之研發、技術擴散及推廣（示範、輔導）；調整政府之管制及財務配合措施等。

---

[18]　91 年環境基本法已三讀通過，第三條明確規定「基於國家長期利益，經濟、科技及社會發展均應兼顧環境保護。但經濟、科技及社會發展對環境有嚴重不良影響或有危害之虞者，應環境保護優先」。（2006-03-30／工商時報／第A2 版）

2、策略規劃之總目標

　　規劃之目的為促進產業的永續發展，因此期望達成：建立衡量產業個別及整體永續性環經效率的指標系統；建立並推動政府與民間產業提昇「環經效率」之各項整合性技術、管理工具及誘因系統；建立並實施現有產業、技術與產品個別及整體環經效率之監測、申報、建檔、統計、預測與公佈之體系，以形成持續改善之大環境。

3、產業永續發展之願景

　　發展策略所要達到的願景—為厚植我國產業永續發展的基礎，增進產業永續發展所必需的資源與能源的有效利用，使我國成為亞太地區（APEC 組織）推動建立產業永續發展之重鎮，並提昇我國產業在國際上的「綠色競爭力」，使我國成為全球環保與高品質形象的典範。

　　　　我國石化產業永續發展，必須兼顧經濟、社會與環境三層面，形成等邊三角形（或三足鼎立）的平衡關係。易言之，經濟成長、社會公義與環境永續兼籌並顧，促使三者交集的範圍最大，才符合國家永續發展之願景。冀望政府政策一方面輔導業者做好環境保育，一方面能展現公權力去除非理性抗爭，在理性和諧的氛圍中全力拼經濟，則石化產業永續發展之路海闊天空。

第三篇　台灣石化工業
　　　　重要課題探討

第一章　台灣石化工業面臨的挑戰

國際石化發展的挑戰

　　時序進入 2007 年，全球石化工業仍持續穩定發展，儘管過去發展過程中，某些石化污染確實給人們造成一些不良的印象。在全球都將環保工作視作首要課題的當下，在時代不斷演進中，新一代的石化產業，冀期降低污染並提增效能，試圖從傳統產業跨出，許以先進科技為後盾，步向嶄新的明日天涯。

　　近年來世界各國積極籌建新石化廠，已開發中的美國 BP 公司在美國德州 Choc. Bayou 的乙烯廠正進行擴建工作，計畫每年可增加乙烯 29.5 萬噸，預期到 2005 年將使 Choc. Bayou 廠乙烯年產能提高至近 200 萬噸；德國 Ineos 公司計畫將在 Wilhelmshaven 興建年產 75 萬噸乙烯之乙烷裂解裝置，預計於 2006 年投產；波蘭 PKN Orien 公司計畫擴建 Plock 的裂解裝置，乙烯年產能將從 36 萬噸提高到 66 萬噸，預計將於 2005 年完成。此外並計畫於 2010 年另興建世界規模之石化聯合裝置，該裝置可年產 63 萬噸乙烯和 42.5 萬噸丙烯；DSM 公司在荷蘭 Geleen 兩套裂解裝置乙烯年產能約為 125 萬噸，計畫將再興建第三套乙烯年產能為 65 萬噸之裂解裝置，預計在 2007 年投產。另外新加坡 ExxonMobil 公司於 2005 年初決定將其原年產 75 萬噸乙烯之輕裂工場擴建至 90 萬噸，預計於 2006 年完成，另外 Royal Dutch/Shell

公司亦將開始執行其規劃多年，位於 Jurong Island 年產 90 萬噸乙烯之裂解計畫，預計從 2006 年開始動工，並於 2009 年上半年投產。

其他開發中國家如印度 Nocil 公司和 BPCL 公司將在印度 Thane 投資 12 億美元興建包括 70 萬噸乙烯、70 萬噸 PE 和 30 萬噸 PP 裝置。此外印度 IOC 公司在 Pa-nipat 興建設年產 80 萬噸乙烯之輕裂工廠，將於 2007 年 10 月投產，並計畫在 Paradeep 興建設包括年產 100 萬噸乙烯之大型煉化裝置，預計將在 2009 年投產；Exxon Mobil 公司計畫在委內瑞拉東海岸喬斯（Jose）以乙烷為原料興建年產 100 萬噸乙烯及衍生物聯合裝置，預計於 2010 年後投產。

泰國 PTT 公司擬建設以天然氣為原料的石化聯合裝置，該聯合裝置擬 2010 年前投產，乙烯年產能為 80 萬~100 萬噸；此外 Rayong Olefins 公司也計畫在其位於 Map Ta Phut 工廠處，再興建一座年產 80 萬噸乙烯和其下游之石化聯合裝置；墨西哥 Pemex 公司將在 Phoenix 進行年產 100 萬噸乙烯之烯烴聯合裝置，該烯烴聯合裝置預計於 2009 年投產；菲律賓 PNOC 公司計畫將其規劃中位於 Bataan 之輕裂裝置乙烯年產能擴增至 100 萬噸，並分為兩個階段進行，第一階段 60 萬噸，預計 2006 年完成，2008 年將再擴建至 100 萬噸。

沙烏地阿拉伯 JUPC 在 Al Jubail 興建產 100 萬噸乙烯之乙烷裂解工場預計已在 2005 年初投產，Saudi JV 1 在 Al Jubail 規劃興建年產 120 萬噸乙烯之乙烷裂解工場預計將在 2007 年下半年投產，Saudi JV 2 在 Al Jubail 規劃興建年產 70 萬噸乙烯之乙烷裂解工場預計將在 2008 年投產；伊朗 Arya Sasol PC 公司在 Bandar Assaluyeh 興建年產 110 萬噸乙烯之乙烷裂解工場預計將在 2005 年第 3 季投產，Jam PC 公司亦在當地興建年產量高達 132 萬噸乙烯之乙烷裂解工場則預計

將在 2006 年投產，此外 Arvand PC 公司在 Bandar Iman 計畫興建年產
110 萬噸乙烯之乙烷裂解工場預計將在 2008 年下半年投產，Kharg PC
公司計畫在 Kharg Isand 所興建之年產 100 萬噸乙烯之乙烷裂解工場
預計將在 2008 年下半年投產。

　　科威特有年產 85 萬噸乙烯之乙烷裂解工場預計將在 2008 年投產
及卡達有年產 130 萬噸乙烯之乙烷裂解工場亦預計將在 2008 年投
產；BP 與中石化合資在上海漕涇興建年產 90 萬噸乙烯及其配套設施
已於 2005 年 3 月正式投產；BASF 與揚子石化合資在南京興建年產
60 萬噸乙烯及其配套裝置預計將於 2005 年 9 月正式投產，殼牌與中
海油合資位於廣東惠州興建年產 80 萬噸乙烯及其下游工廠將於 2006
年第一季度投產；福建煉化與 Exxon Mobil 及 Saudi Aramco 合資位於
福建泉州興建年產 80 萬噸乙烯的煉化一體裝置已於 2005 年 7 月開工
興建，預計將於 2008 年完工；此外尚有新疆獨山子及鎮海煉化等多
個年產 100 萬噸乙烯級之石化專案將於未來陸續實施。

　　世界石化工業之發展，有兩項變化受到業界矚目，其一是中國，
另一則為中東。中國方面，該國係為世界最大石化品進口國，由於計
畫經濟的持續推動，乙烯能力自 2005 年的 800 萬噸，逐步將增至 2010
年的 2000 萬噸。伴隨著經濟的高度成長，進入中國的石化品依然逐
年成長，每年仍需進口超過 1000 萬噸的石化品，惟目前自給率正在
提升，未來石化市場是否出現逆轉，值得關注。像鋼鐵，已由進口國
變為出口國。近年來中國境內的石化建廠工程如雨後春筍般四處興
工，主要石化中心大多與歐美名廠合資，主要目的希望能獲得最新的
操作技術、管理計技術與品質設計。

誠如石化工業雜誌總編輯所言：中國與中東兩地競相擴增石化產能，代表何種意義？其影響又是如何？簡言之，當前世界石化市場供需結構剩餘份悉為中國吸收，而中東 600 萬噸餘裕則佔據出口市場，與日、韓、台、東南亞、歐美等，進行爭奪戰。由於不足市場集中於中國，當中國的自給率逐步提高，表示世界石化品價格將由高峰滑落。將來中國亦有轉為出口國之可能，現在石化景氣佳係基於中國需求旺，未來則將進入嚴重過剩的時代。

京都議定書正式生效

近年來，世界各國對於環境保護的意識逐步提升，全球暖化與溫室氣體的議題也成為近十年來最受矚目的國際性環境議題。聯合國於 1992 年所召開之「地球高峰會」中明確宣示，為抑制世界各國的溫室氣體的排放，先後在 1992 年制定了「聯合國氣候變化綱要公約」及 1997 年在日本京都制定了「京都議定書」，明確的規範世界各國有關減少排放溫室氣體的責任。

延宕多年的「京都議定書」已於 2005 年的 2 月 16 日正式生效。環保人士歡慶這個猶如地球救生索的計畫實施，但反對的美國與澳洲等國家卻認為，這猶如對經濟發展上了緊箍咒。由此可見，大多數的國家都為此議定書的生效，陷入了「環保與經濟」發展兩難的處境。目前全球已有 141 個國家和地區簽署議定書，其中包括 30 個工業化國家在內。依京都議定書規定，締約國家都必須將二氧化碳為主的溫室氣體排放量，於 2008 年至 2012 年間回復到 1990 年的基準、並再削減至少 5%。

　　台灣雖然不是締約國家，仍可能被要求強制減量。據媒體報導，國內環保團體公開呼籲政府，應儘速批准、認可京都議定書，並制定「溫室氣體管制法」，以實際行動回應世界潮流，避免可能的貿易制裁。對於我國何時完成減量目標，行政院永續會表示，將力促政府推動減量溫室氣體的方向，包括（一）、再生能源的比重，希望由目前不到3%，在2012年提高到10%；（二）、提高能源使用效率；（三）、未來要配合產業調整，服務業、低碳產業將成為推動基礎。

　　由於工業化國家達成減量目標的時間在2008至2012年，台灣屬於第二波要推動的國家，行政院設定的目標為2012年到2020年之間，減量目標為參酌98年國際能源會議所提出之方案，到2020年時降至2000年標準；行政院內部將成立跨部會因應小組，環保署也將訂定推動「溫室氣體管制法」。

　　經濟部能源局表示，將於2005年6月在台北召開全國能源會議，釐定台灣因應京都議定書生效後的能源結構調整方向。研擬符合台灣現況及京都議定書趨勢的能源政策成為重要課題，全國能源會議將討論因應方向並尋求各界共識。據瞭解，該會議將研擬中長期國家整體二氧化碳排放減量適當目標參考值，以及能源、工業、運輸、住商及農業等部門因應策略，並探討能源政策，釐定因應京都議定書的定位及能源結構調整方向。

　　經濟部長何美玥在2005年2月中旬接受媒體訪問時強調，經濟部將要求國內廠商採用溫室氣體排放量最少的製程設備，並提出節約源能策略；未來台灣將設法把新建的工廠設施，朝採用溫室氣體排放量最低製程設備規劃，對全球二氧化碳減量排放將有正面意義；製程汰舊換新，淘汰掉沒有效率的廠商，才符合京都議定書的精神。

　　根據經濟部工業局的資料顯示，目前台灣的溫室氣體排放量，其約佔全球總排放量的1%左右；世界排放量排名為第22位。京都議定書實行之後，相關產業受到衝擊的情況以鋼鐵、石化及電機電子最大，其次則是人纖、水泥及造紙產業。工業局表示，由於台灣基礎工業非常重要，如果不能自給自足，就必須進口，或由業者在中國設廠生產再回銷台灣，製程中的二氧化碳排放量無法控制，在台灣生產反而可以用最好的技術，達成二氧化碳排放減量，對地球環境保育更有助益。

　　面對京都議定書正式生效，筆者認為政府一方面應積極擬定「溫室氣體的減量」政策，一方面亦須考量「台灣產業發展優勢」的確實掌握。

能源稅課徵及其衝擊

　　依照經續會決議，財政部近期提出能源稅條例草案，立即成為各界矚目焦點。雖然財政部對外指稱，該案主要目的係配合經續會決議辦理，並希望增進能源使用效率，目的並非僅於增加稅收。惟課徵能
源稅對稅收、能源價格、經濟成長等均有影響，該草案若通過立法，

勢必將增加許多產業的經營成本,尤以石化、鋼鐵、水泥等為甚,估計石化業的稅負將劇增 15%左右,因此經濟部及工商企業界都有不同意見。

「能源稅條例」草案各界矚目

經續會結論,課徵能源稅以循序漸進方式逐年調整稅額進行,並在實施前優先讓國內能源價格反應生產成本。近期消息指出,目前行政部門規畫自民國 96 年起實施能源稅,自 97 年起逐年調增稅額,106年後應徵稅額不再逐年增加。

根據媒體報導,行政院 9 月底所召開「能源稅條例」草案跨部會協商會議,邀集包括經濟部、財政部、環保署及經建會等單位出席。由於經濟部堅持開徵前需有 2 至 3 年的緩衝期,並排除發電、原料用及低競爭力的產業,最後會議未達成決議。

依財政部研擬之能源稅條例草案,列入課稅油品包括汽油等 8 大項目。稅額採連續 9 年定額增加,以汽油、柴油及煤油稅額增加最多。其中油品稅費項目包括:關稅、推廣貿易服務費、貨物稅、石油基金、土壤及地下水污染整治費、空氣污染防治費及加值型營業稅規定,計算油品稅費,而能源稅則就若干稅費統合為一。

世界各國能源政策大不相同

財政部指稱,開徵能源稅是符合國際潮流,主要目的是鼓勵節約能源,提昇能源使用效率,以達成溫室氣體減量目標。歐洲國家包括芬蘭、挪威、瑞典、荷蘭、德國、義大利、法國等均有課徵能源稅。

　　事實上，世界各國的能源政策大不相同，大致可歸納為三種型態。首先，如德國、北歐等國家，屬於「環境永續型」，這些國家將碳稅等綠稅全部納入能源稅課徵；其次為日本，屬「節約能源型」，首重合理的能源稅費，以高價的能源促進高度的能源使用效率；後者為台灣，是所謂「經濟發展型」，以低價能源補貼經濟成長之所需。

　　歐洲國家實施能源稅，配套措施包括減免民生暖氣費用、天然氣車輛及發電用液化天然氣進口退稅、降低所得稅、減免國民年金、雇主負擔保費的保額等等。事實上這些國家政府總稅收未有大量增加。

　　日本之能源稅採從量課徵、專款專用，由煉油廠能源稅支付地方道路稅。另外韓國也有類似的政策，例如交通稅限用於公路、港口與河流設施建設等之稅則。

　　台灣的能源稅案，目前立法院 130 位朝野立委提案版本係將燃料油、煤炭與天然氣等三項主張「從價課稅」，其餘油品類則採「從量課稅」；財政部版本則一律主張採「從量課稅」，主要目的是不要隨著油價波動而調整，顯見兩版本大不相同。

徵收能源稅應有配套措施

　　根據媒體揭露，中油董事長潘文炎認為：從油氣能源的稀有性、生產過程的複雜性與成本以及環保汙染等三個面向來看，能源稅之徵收有其必要性與合理性。惟中油咸認應對能源相關稅制做通盤檢討，並予以整合。（一）、石油基金性質特殊，是否併入能源稅統籌徵收與運用，可加以研討。（二）、在能源稅實施之前，國內油氣價格應先合理化，使之回歸市場機制，與國際油價接軌。在前述兩個重點基礎上，

能源稅制的功能與目的方能顯現。有關能源稅規畫及配套措施，中油
相關建議請詳見表 3-1-1。

表 3-1-1　中油對能源稅規畫及配套措施建議內容

（壹）能源稅課徵方式	
（一）	能源稅從油（量）徵收，符合使用者付費原則，並可減少高能耗設施與車輛之購置，提高能源使用效率。
（二）	不同之能源依其碳排放量比例，訂定不同之稅率。煤之稅率應高於燃料油，天然氣之稅率則為最低。
（三）	與產業競爭力有關之油品，其稅率應不高於鄰近出口導向國家之稅率。
（四）	大眾運輸用油給予優惠稅率，減輕消費者負擔，鼓勵民眾搭乘。
（五）	外銷出口或以在機場與港口外幣銷售之油品（如航空燃油、海運燃油），考量其價格之國際競爭力，免徵能源稅。
（六）	再生能源（如酒精汽油、生質柴油）免徵能源稅，使其價格具競爭力，鼓勵民眾使用。
（貳）能源稅用途	
（一）	能源稅課徵應明訂用途，專款專用。
（二）	用途應涵蓋補助再生能源之研發與推廣。
（三）	用途應涵蓋產業結構調整，扶持較不具競爭力產業，創造就業機會，增加就業人口。
（四）	用途應涵蓋回饋、補助煉油廠、石化廠、發電廠等高能耗設施所在地區。

石化業與能源使用效率的提升

　　既然財政部要開徵能源稅主要目的是鼓勵節約能源，提昇能源使
用效率，以達成溫室氣體減量目標。以台灣的石化業實際情況來看，
在建新廠及舊廠更新方面，都能夠有效提升能源使用的效率。

以中油規劃中的國光石化投資案為例，雖被認為是耗能產業，但投資案的進行，對於台灣的經濟成長會有長足貢獻，並且因採用最先進技術及設備，能有效提升能源使用效率，達到溫室氣體減量。另外，在舊廠更新方面，以三輕更新案為例，拆除原 23 萬公噸乙烯產能舊廠，汰舊換新為 100 萬公噸新三輕，產能大幅提升，能源使用效率亦更佳。

綜合上述，石化業無論建新廠或舊廠更新，皆能達到財政部要開徵能源稅主要目的，做到節約能源，提昇能源使用效率，並達成溫室氣體減量目標。因此，能源稅不應貿然實施，否則將背離課稅的原義，額外增加石化產業的經營成本。政府若真的想有效鼓勵節約能源，提昇能源使用效率，政策上應積極協助石化業者籌建新廠及落實舊廠更新，必有立竿見影的成效。

能源稅不應貿然實施

由於目前國內景氣低迷，應如何提升經濟成長係為當務之急，政府應提出有利於台灣經濟發展的政策，如果經濟成長情況轉佳，國人自然會對環保議題更為重視。

對工商業而言，能源稅之課徵，勢必增加公司稅賦，相對提高營運成本，降低產業競爭力，衝擊不可謂之不大。能源稅條例建議應有減免配套措施，例如取消空汙費及土汙費等稅。經濟部甚至建議，天然氣與液化石油氣，屬潔淨能源，建議不要課徵能源稅。

根據經濟部能源局估計，若是課徵能源稅，至 2016 年（民國 105 年）對產業實質 GDP 影響，將下降 1.4 至 1.5 個百分點。在政府呼籲業界全力拼經濟的氛圍下，能源稅確實不應貿然實施！

幾項影響市場的因素

　　2004 年 4 月底，公民營機構相繼發佈經濟數據，皆捎來利多消息，然而近期股匯市表現卻呈現相反的景況，跌幅情形可謂十分慘重。股價、匯價聯袂下跌，除了可以歸責 320 迄今總統選舉的政治不安外，國際經濟不利因為原油價格高居不下、中國大陸採行緊縮政策、美國利率調升在即，都是可能衝擊，值得持續關注。

　　在國際經濟復甦的帶動之下，國內景氣自 2003 年 9 月起持續翻揚，各行各業明顯恢復熱絡。依據 2004 年 3 月間經建會景氣概況指標顯示，同時及領先指標雙雙較 2 月份增長。景氣對策訊號中，代表景氣熱絡的黃紅燈更是呈現連四個月的亮麗表現。經濟部長林義夫甚至認為，經濟成長率在今年第二季可能達到 6%。事實上，國際經濟研究機構也看好我國今年的經濟表現，世界銀行估計成長值為 5.1%、亞洲銀行估計則為 5.4%，與我國政府樂觀今年經濟成長率可以達到 5%上下不謀而合。顯示，海內外皆認為台灣經濟可以走出前兩年的陰霾。

　　然而，呈現穩定樂觀的國內景氣，在近期以來出現不尋常的蹣跚走勢，恐與前述國際經濟不利因素逐漸發酵有關，原油價格一日三市、大陸對過熱經濟發展進行宏觀調控降溫措施、美元利率調升迫在眉睫，可能直接、間接對台灣經濟現況產生干擾作用。

國際原油飆漲

　　在國際油價方面，儘管美國為首的聯軍已經取得美伊戰爭的最後勝利，但中東地區仍時有軍事衝突發生，以及國際石油輸出國家組織

堅決採行以價制量之策略，致使近半年來國際原油價格一路揚升。以
2004 年 4 月 29 日倫敦石油市場為例，其北海布蘭特原油售價每桶飆
升到 34.7 美元，創下 4 年以來新高價位。

　　在此之前，七大工業國所召開的財長會議，即提醒高油價、通貨
膨脹及利率上揚，可能衝擊全球經濟發展，呼籲世人正視這三大風
險。無獨有偶，嗣後美國聯邦準備理事會主席葛林史班隨即公開提出
警告，原油及天然氣售價大幅走高，將危及美國與世界之經濟成長。
抑制消費者的支出、工商企業的投資決策改變正逐漸為美國的經濟前
景投下變數。這也是葛老有意無意暗示將可能有能源危機再現的背後
思維。

　　不過，台灣石化業者表示，近半年來，高價上游原油價格及大陸
市場供不應求兩大因素，仍支撐著台灣石化廠家的獲利空間，以目前
塑化原料價格均達到 10 年高峰，大陸需求買盤仍強勁之下，顯示未
來市場仍十分樂觀。然而，筆者認為這樣的供需景況能否持續，值得
觀察。

大陸採行緊縮貨幣政策

　　大陸經濟在基礎建設持續加溫下明顯成長，2004 年第一季並傳
出經濟成長率超過預期，致使大陸當局有刻意壓低經濟成長數據的說
法傳出，大陸當局於 2 月宣示將透過宏觀方式進行調控，以避免經濟
過度發展，但市場反應並不明顯；直到 4 月底大陸總理溫家寶接受採
訪時表示，將採取更強硬措施來防止資產價格泡沫化的一席話，引發
全球原物料市場一陣恐慌，讓投資者不寒而慄，兩岸三地股市同步重
挫，產生強大的「溫氏效應」。

　　今年以來，報章雜誌對中國宏觀經濟的報導繁多，當前的主流經濟學家各有不同的觀點，有的認為已經過熱，有的則認為仍屬正常，各有自己的一套說法。從中國大陸經濟發展的基本趨勢，和世界各國經濟發展的歷程觀之，大陸經濟學者周世一先生提出了他的觀察：

一、在經濟是否過熱的問題上，可以認為整體經濟有過熱之嫌或至少局部過熱。投資的急速增長，卻無法看到立竿見影的績效，讓大陸領導高層感到隱憂。對於是否重現通貨膨脹的危機，堅信不疑的學者仍然不多，反之，大都認為中國大陸經濟在今年內仍將維持於 9%左右的成長率，是符合經濟成長的正常水準。

二、宏觀調控之出發點，並非對當前經濟景況踩急煞車。從基本情況來看，調控之目標仍界定於防止過熱的基調。以此斷言，中國大陸高層實施嚴厲緊縮措施之可能性並不高。同時，隨著 20 多年來中國大陸經濟之進展，中國政府宏觀調控經驗日益增長，對其措施出現情勢錯估或重大失誤的可能性大大降低。

　　由於中國大陸在近兩年經濟發展快速，同時因諸多建設爭相營造，致使原物料價格飆漲，造成建設上的成本大幅提高，因此業者分析這次降溫動作對中國大陸而言是「利己」且「有必要的」。回顧歷史，過去前大陸總理朱鎔基亦曾於 1995 年對中國經濟實施降溫措施，使當時大陸內需景氣下滑，房地產價格回跌（有關大陸前後兩次經濟宏觀調控比較請見表 3-1-2）。

表 3-1-2 大陸前後兩次經濟宏觀調控比較

項目	1993 年	2004 年
經濟成長率	13.2%	第一季值 9.7%
投資增長率	61.8%	26.6%
通貨膨脹率	約 20%	2 月值 2.1% 全年估計值 5%
因應方案	頒佈「關於當前經濟情況和加強宏觀調控的意見」。	國務院要求全面貫徹中央關於經濟工作的一系列決策和部屬。
決策措施	減少貨幣供應量、提高利率以限制私人投資、減少總需求。	緊縮信貸，抑制鋼鐵、水泥、電解鋁、房地產投資。
成效情形	通膨率 1995 年回跌至 14.8%，1997 年值 5%，經濟成長率回穩至 9%。	預估年經濟成長率可控制在 7%。

資料來源：〈經濟日報〉2004 年 4 月 30 日

　　大陸經濟降溫政策，引發外資及台灣投資人恐慌，台塑集團董事長王永慶在近期集團舉辦的運動大會中，回應媒體詢問時表示，他認為中國大陸對過熱經濟發展進行宏觀調控降溫措施，對中國大陸及整個亞太地區整體經濟影響不大。他舉例說，「就好像是人吃太飽也不好一樣」，大陸對過熱經濟發展踩煞車並無不好，長期來看，反而對大陸未來經濟發展會更加健康、更加繁榮。經濟部次長尹啟銘亦表示，大陸實施經濟降溫措施，對其經濟及世界經濟來說，「長期來看是有益的」。但他也指出，中國大陸經濟屬「諸侯經濟」，地方能否落實政策將影響降溫成效「有待觀察」。中經院經濟展望中心主任周濟則指出，大陸以緊縮貨幣等方式，希望讓過熱的經濟稍微降溫，全球都在觀察大陸經濟降溫的速度以及對週邊國家的影響。

根據統計，大陸去年五大泛用塑膠進口量達 1235.7 萬噸，連續 5
年創下年進口量新高，其中包括聚丙烯（PP）、ABS 進口量較前年均
有 10%的成長率。業者預估大陸今年五大泛用塑膠進口量仍有 1000
萬噸水準。台塑集團則看好未來 2 年塑化業景氣，認為大陸近期為過
熱經濟成長採取宏觀調控降溫措施，對塑化業影響不大。台塑集團旗
下主體事業包括台塑石化、台塑、南亞、台化今年首季獲利均創下
企業成立以來單季新高，成為台灣石化業中最具競爭力及影響力的
集團。

根據業者指出，國際石化集團在中國大陸設立的五大石化中心，
有 ExxonMobil 在福建設計年產能 80 萬噸乙烯廠、Shell 在惠州設立
年產能 80 萬噸乙烯廠、英國 BP 公司在上海設立年產能 90 萬噸乙烯
廠、BASF 在南京設立年產能 60 萬噸乙烯廠，以及 Dow Chemicals
在天津設立年產能 60 萬的乙烯廠等。這五大石化中心依目前進度，
除了 Dow 與 BASF 的計畫仍在進行外，其餘 3 個石化中心目前運作
均出現變數，即使 Dow 與 BASF 的石化中心仍在進行，但明年能否
開出產能，石化同業也有很高的疑慮。由於大陸五大石化中心產能延
遲開出機會相當高，使台灣石化業認為，大陸施行宏觀調控降溫影響
應以「短空長多」視之。不過，大陸經濟正因投資過熱要降溫，台灣
經濟卻因政治紛爭及國際經濟不利因素干擾而需要增溫，一時之間兩
岸經濟溫度顯然不一樣，但卻同樣要承受「溫度效應」。

美元利率調升在即

在美元利率上揚方面，隨著美國經濟復甦益趨穩固，聯邦準備理
事會主席葛林史班多次表示美國通貨緊縮將告結束，美元利率調升可

謂勢在必行，報章雜誌大幅報導有關金融市場專家預測美元利率的調升時間點，可能落在今年 6 月至 8 月間。歷史不會重來，但是前轍之鑑可為後者之師，以往 20 年間美國每年通貨膨脹率皆維持在 3% 左右，而今年 1～3 月，係因美國經濟復甦力道強勁，加上石油、天然氣及食品價格大幅揚升，通貨膨脹率已經超過 5%，由此觀之，聯準會將採行貨幣緊縮政策應是時間早晚問題。

「為避免美國國內及國外的金融市場陷入混亂」，國際貨幣基金亦在日前發表半年度全球經濟展望報告，語重心長呼籲美國貨幣主管，應嚴肅關注利率發展問題。一般預料，美元利率調升，外資自台灣撤軍的可能性將提高。事實上，自四月底以來，外資大舉調節台灣股市部位，賣超金額十分龐大，並且匯出「相當金額」，影響不可謂之不大。

綜上而論，對於近期股匯市的股價、匯價聯袂下挫，筆者認為無須過渡恐慌。但必須指出，「油價持續飆漲」、「大陸採行經濟降溫策略」及「美元利率看漲」，這些國際經濟不利因素的持續發酵，勢必對包含台灣在內的世界經濟產生一定程度之衝擊，政府相關單位及業者應及早正視其風險，以採行妥善之因應措施。

中國投資環境變遷及風險

根據近期媒體報導分析指出：「台商集團登陸，錢越來越難賺」。調查資料顯示，台灣 2005 年有 250 家集團在中國投資布局，國內企業在大陸的總體營收雖然增加快速，但獲利的成長幅度趕不上營收成長速度，此顯示企業在大陸賺錢越來越難！企業投資中國具「三高二低」特性，即投資金額高、營收規模高、負債比率高，惟平均稅後純

益與平均純益率皆低。
另由台灣企業集團在中
國投資的獲利能力角度
觀之，獲利大不如前。
2005 年稅後純益總額為
590.27 億元，年成長率
16.1%，但遠不如營收總
額 50.46%的成長幅度，
意味著獲利成長能力追
不上營收規模的成長。

　　隨著兩岸經貿蓬勃發展，中國在台灣對外投資以及貿易地區所佔
的比重，遠遠超過其他國家，加深了中國對台灣的影響以及台商風
險。台商對中國投資逐漸朝向當地化、大型化方向發展，並帶動台灣
出口增加，提高台灣對中國出口依存，惟在中國供應鏈逐漸建立並趨
完整之際，台商在中國轉而有效利用中國當地資源，減少自台灣進口
零組件及半成品，已逐步削弱台灣投資中國之出口效果。面對兩岸經
貿快速發展，台商是否應謹慎思考包括對中國過度依賴可能對產業所
造成的衝擊。另外中國勞動力與土地成本上漲、人民幣升值疑慮等等
因素，亦使得台商經營成本提高，衝擊其產品之出口競爭力。隨著中
國投資環境變遷，台商經營策略應如何因應？值得集思廣議。

中國投資環境變遷

　　台商對中國投資早期基於語言、文化、地理、勞動力與土地成本
等誘因，使得中國成為台商赴海外投資之首要選擇地區。台商主要係

為了利用中國豐富原料及廉價勞力以降低生產成本，提高產品競爭力而赴中國投資，根據我國經濟部投審會的資料顯示，累計至 2005 年底經濟部核准核備的赴中國投資之件數為 43,006 件，金額為 472.55 億美元。

另外，對台商中國投資佔我國對外投資比重呈現逐年增加的趨勢。1991 年對中國投資僅佔我國對外投資比重的 9.52%，之後呈現逐年增加的態勢，且自 2002 年起該比重已超過五成，並於 2005 年達到歷年來高點為 71.05%。累積 1991 年至 2005 年台商對中國投資佔我國對外投資比重的 51.49%，顯示我國十分集中投資於中國，投資規模不斷擴大。

隨著兩岸經貿蓬勃發展，中國在台灣對外投資以及貿易地區所佔的比重，遠遠超過其他國家，加深了中國對台灣的影響以及台商風險。根據台灣經濟研究院洪德生院長「台商大陸投資經營變遷與風險」的研究報告揭露，台商對中國投資經營正面臨變遷及風險，其觀點如下：

台商對中國投資經營之變遷

台商對中國投資經營變遷方面，包括了：

1、台灣對中國投資比重愈來愈高，對中國的依賴日趨嚴重。
2、投資動機由原先的要素成本考量轉變為下游帶動上游赴中國投資，雖然對中國投資帶動我國對中國出口增加，然而長期而言，該效果已減弱。
3、台商回購效果在中國產業鏈逐漸建立後逐漸減弱。
4、兩岸產品差異性以及技術差距愈來愈小。

5、台商盈餘主要運用方式已由「彌補往年虧損」轉為「保留盈餘」，繼續投資海外事業，而未將資金匯回台灣。

台商在中國投資之風險

台商對中國投資風險方面，包括了：

1、台灣對中國的依賴將加深對台灣產業之衝擊程度。

2、台灣產品在國際市場上有被中國取代之疑慮。

3、兩岸間技術差距愈來愈小。

4、人民幣升值將可能降低台商之出口競爭力。

5、中國經濟泡沫化的疑慮。

6、中國市場投資陷阱多，經貿糾紛頻傳。

7、台商在中國人身安全備受考驗。

8、台商經營成本提高，影響產品出口競爭力。

9、直接由中國出口面對貿易摩擦之障礙等風險。

另外，雖然台商對中國投資帶動我國對中國出口增加，以石化業為例，中國市場儼然已成為台灣石化原料銷售的主要市場，惟近年來中國積極對台灣多項石化品進行反傾銷控訴，經貿糾紛頻傳，亦值得台灣業者關注。

表 3-1-3　中國對台灣石化品反傾銷措施

產品	年份	反傾銷稅率
PVC	2003	台塑 10%,華夏 12%
PA	2003	66%max
BPA	2004	05.5.12 開始控告

PBT/BDO	2005	05.6.6 開始調查
MA	2003	
Nylon6/66	2003	判決對台 0%
Spandex	2005	
Phenol/acetone	2003	3%長春　台化　信昌
Ethanolamine	2003	23%東聯

台商經營策略分析

　　根據媒體報導分析指出：「台商集團登陸，錢越來越難賺」。調查資料顯示，台灣 2005 年 250 家集團在中國投資布局，國內企業在大陸的總體營收雖然增加快速，但獲利的成長幅度趕不上營收成長速度。

表 3-1-4　台灣企業投資中國十大標竿集團

集團名稱	純益率（%）	營收年成長率（%）
可成科技	42.41	146.09
華紙	17.51	23.62
健鼎科技	16.15	157.93
華立	15.20	48.32
和泰汽車	12.22	73.34
李長榮化工	11.77	55.66
亞洲光學	11.04	31.68
長興化工	10.30	28.64
能率	10.25	33.43
永記造漆	10.06	43.29

　　另外，企業投資中國具「三高二低」特性，即投資金額高、營收規模高、負債比率高，惟平均稅後純益與平均純益率皆低。台灣企業

集團在中國投資的獲利能力大不如前。2005年稅後純益總額為590.27
億元，年成長率16.1%，但遠不如營收總額50.46%的成長幅度，獲利
成長能力追不上營收規模的成長。反觀許多企業深耕台灣有成，獲利
能力超乎外界預期。

表 3-1-5　2005 年台灣最會賺錢集團分析

集團名稱	2005 年純益率（%）	2005 年排名	2004 年排名
中華開發	46.47	1	245
可成科技	39.60	2	2
台積電	35.10	3	1
聯科科技	34.61	4	5
台肥	28.27	5	12
第一金控	25.85	6	28
世界先進	23.84	7	4
台灣電信	23.74	8	7
兆豐金控	23.01	9	9
帝寶工業	20.30	10	14

　　由於中國投資環境變遷及投資風險升高，因此台商回台投資及台
商分散投資以降低風險，可謂為刻不容緩之要務。台灣其實本身存在
許多優勢，這些優勢其實多數與台商的全球布局有關，台灣政府的策
略應考量台商全球布局的特性，作為台商經營策略建構的基礎。

　　根據康榮寶教授「協助台商分散市場與輔導台商回台投資」研究
報告，提出下列的策略建議：

1、台灣的法規中有關的投資大陸限制，其實是無效的限制，在
　　經濟誘因下，台商無視這些限制，且願花費成本規避這些限
　　制。台灣應當盡快以最大的幅度，開放這些企業投資大陸的

限制，如此將有助於兩岸經貿，甚至使台商作其他全球布局的活動。鑑於兩岸經貿的開放，亦將會有效吸引台商願意投資台灣、分散投資全球的意願與實際動作。

2、要吸引台商回台灣投資，最有效的策略就是重啟台商回台上市策略，其中包括台商投資大陸限制開放。如果台灣能夠取消企業投資大陸的限制，至少會吸引一些台商，包括中國台商有意願回台灣上市，利用策略再帶動台商回台上市潮。台商回台上市至少會帶動台灣的金融服務業及相關服務產業，由於資金來源、資金運籌主要來自台灣，台商自然就會重新評估在台灣投資的可能性，重新瞭解台灣本身的產業與經濟競爭優勢，對於協助台商在台灣投資勢必產生正面效果。

3、台商企業的全球布局，最缺乏的資源包括資金與人才，台灣政府應當利用這兩項需求。如果台灣能夠供應適當的人才，在文化背景、語言無礙條件下，假設薪資水準相當，甚至在合理水準，台商企業的全球布局一定會優先考慮台灣人才的台幹。所以，台灣應當扮演台商全球布局的「人才庫」與「人才訓練中心」。如果台商主要使用台灣的人才，在地化的色彩就會淡些，與台灣之間關係就會強化，這種透過人才所創造的緊密關係，對台灣才會是正面的效應。

4、台灣應當善用歐美的資金與投資者，設計台灣廠商的優勢資源，吸引歐美投資者投資台灣企業，無論是初期創業或後續發展，讓台灣廠商的優勢資源得以與歐美產業優勢資源結合，創造雙贏結果。台灣廠商本身的產業優勢資源包括製

造、經營、對亞洲地區經營環境的瞭解、與中國同文同種及深入瞭解的優勢。近年來亞洲經濟的崛起，包括中國、越南及其他各地，甚至未來東協的運作所帶來的商機，歐美投資者無不處心積慮投資亞洲地區。所以，台商若能突顯本身的產業優勢，提供歐美資金、投資者的資訊，協助協調歐美資金投資台灣的企業、台商企業，讓歐美資金、投資者作為台灣的合夥夥伴。這種結合，其投資將不會集中於中國，會以歐美的通路、品牌、技術為基礎，投資歐美及全球各地。

5、台灣廠商雖然擁有最佳的製造優勢，惟因彼此以殺價競爭來進行產業發展，部分與台灣廠商缺乏歐美合夥夥伴有關，歐美通路品牌商的最佳策略就是壟斷製造廠商與顧客間的互動關係，創造製造廠商間的殺價競爭。所以，引進歐美資金作為事業夥伴，將有助於降低台灣同業間殺價競爭的劣習。

表 3-1-6　台灣石化業在中國投資狀況

企業名稱	中國佈局	產品及產能（萬 Mt／年）	一期投資金額（百萬美元）
和桐	金桐石油化工	烷基苯（20）	50（60%）
奇美	鎮江奇美化工	PS（30） ABS（25）	130
李長榮	鎮江李長榮綜合石化	甲醛（6） 甲胺（3） 丙烯醇（6） DMF（2） 三聚甲醛（2）	28
國喬	鎮江國亨化學	ABS（15）	70

台橡	申華化學	SBR（15）	100（70%）
中橡	中橡化工	碳煙（3）	12
	和鑫化學	碳煙（6）	30
長春石化	長春化工（江蘇）有限公司	第一期 環氧封裝材 印刷電路板 PBT 摻配 環氧大豆油 抗氧化劑 乾膜光組劑 洗模劑 第二期 銅箔 PVA	100 200
大連化工	大連化工（儀征）有限公司	BDO（3） PTMEG（4） FVA（3）	461
台塑	台塑工業（寧波有限公司）	PVC（30） AA/AE（25/25）	400
台化	台化塑膠（寧波）有限公司	ABS（30）	250
	台化苯乙烯（寧波）有限公司	PS（20）	60
	台化興業（寧波）有限公司	PTA（60）	300
台達化工	台達化工（天津）有限公司	EPS（10）	20
	台達中山	EPS（15）	20
	台達珠海	ABS（15）	100（計畫中）
聯成	中山聯成	PA（4）	
		DOP（10）	共 30
	上海聯成	DOP（10）	
見龍	江陰龍欣	EPS（12）	20（83%）

		寧波	EPS（12）	20
		鎮海	C5 發泡劑	7.2
福聚	福聚青島	PP（25-30）	100（洽商中）
南帝	南帝鎮江	SBR Latex	20
優品	丹陽康普頓－中化建化工	橡膠促進劑	1

第二章　產業永續發展的課題

全國能源會議談些什麼

　　全國能源會議已於 2005 年 6 月 23 日在台北國際會議中心圓滿落幕，該次會議主要議題摘要如下：

議題一：京都議定書生效後「整體策略」方向

　　我國目前在整體策略發展情況，為因應京都議定書生效，行政院國家永續發展委員會已成立「氣候變遷暨京都議定書因應小組」，負責跨部會整合工作。台北大學資源管理研究所李堅明教授認為，「京都議定書生效對台灣潛在影響」在溫室氣體減量面臨之問題包括：一、高度能源進行依賴，能源供給系統脆弱；二、二氧化碳排放與經濟成長無法脫勾；三、高傳統能源結構，能源結構調整不易；四、新能源發展缺乏競爭力及市場誘因。李教授並強調，2100 年控制溫度上升 2℃為全球因應溫室效應之長期目標；基於此，公約將於今年（2005）啟動新一波國際協商，對於納入非締約國的減量承諾協定，將成為矚目焦點。「2005 年第二次全國能源會議之整體因應策略方向」應包含幾個方向：提升減量技術、提升市場機制與提升社會行為等面向之潛力。

高效能照明宣導

　　行政院環保署空保處何處長提出十點我國整體策略方向，包含：一、推動跨部會溫室氣體減量方案；二、制訂溫室氣體減量法做為減量法源依據；三、推動能源、產業及交通政策評估；四、推動溫室氣體排放量盤查登錄申報及查驗制度；五、推動產業及農林部門減量；六、強化能源效率管理法規與標準；七、新設排放源採最佳可行技術及增量抵換；八、檢討及推動市場機制與經濟誘因制度；九、增加能源技術研究經費，發展本土能源科技；十、提升民眾認知，加強教育宣導。

　　中華民國環境工程學會蔣本基理事長在其報告資料中提出五點我國整體策略方向的建言：一、建置加強行政管制制度，包括（一）、研定相關政策、法規及標準（二）、建立基線資料 Base Line Data（三）、建立整合式管理之成效評估機制；二、提供經濟誘因，包括（一）、推動綠色財政改革（二）、結合市場機制的彈性總量管制；三、提昇研究技術成效；四、推廣環境教育，建立伙伴關係，包括（一）、建置自主行動示範計畫（二）提身認知與參與感，；五、建立國際合作

機制，包括（一）、出席與舉辦國際會議，建立合作與參與機制（二）、參與溫室氣體減量跨國計畫投資合作計畫。

再生能源──風力

議題二：能源政策與能源結構發展方向

能源係為推動國家發展及經濟活動的基本動力，但是我國因為天然資源能源蘊藏貧乏，能源幾乎全數仰賴進口，因此如何透過政策手段來穩定能源供應並引導能源供需之合理運作，為政府部門重要課題與挑戰。在我國能源供需現況方面，進口能源比例有逐年提升趨勢，由 1984 年的 88.8%增為 1994 年的 95.3%，2004 年更增加到 97.9%。能源供應量從 1984 年的 3,810 萬公秉油當量成長至 2004 年的 13,406 萬公秉油當量，年平均成長率達 6.4%，能源供給以進口原油為主，其中 76.7%來自中東地區。能源消費則由 1984 年的 3,397 萬公秉油當量增至 1994 年的 6,606 萬公秉油當量，及 2004 年的 10,779 萬公秉油當量，年平均成長率達 6.5%。部門別的能源消費比重方面，工業部

門由 1984 年的 53%降至 2004 年的 53%降至 2004 年的 52%，商業部
門則由 2%上升至 6%，住宅部門維持於 11%。

政府機關與工商業之節能

　　根據經濟部能源局葉惠青局長指出，能源政策應以永續、安全、
效率與潔淨為核心目標，未來能源策方針及內涵為：一、穩定能源供
應（強化能源合作，提高自主能源）；二、提高能源效率（提升價格
機能，強化效率管理）；三、開放能源事業（推動市場自由化）；四、
重視環保安全（調和 3E 發展）；五、加強研究發展（擴張科技能量）；
六、推動教育宣導（擴大全民參與）。積極發展再生能源，再生能源
配比增加，預定 2010 年發電裝置容量達到 513 萬瓦，2020 年達到
650~700 萬瓦，2025 年達到 700~750 萬瓦。未來能源價格將朝合理化
方向調整，電價預計 2025 年較 2005 年調高 49~99%。

奈米科技於新能源的利用

議題三：綠色能源發展與提高能源使用效率

　　延宕多時的再生能源立法，由於各部門尚未建立共識，有待能源局等加速檢討；在健全的法律及配套措施上給予支持，是讓綠色能源產業起飛重要關鍵之一。有關我國再生能源目標規劃為一、風力發電目標：至 2010 年累計裝置達 215.9 萬瓦；二、太陽光電目標：至 2010 年累計裝置容量達 2.1 萬瓦；三、生質能發電目標：至 2010 年累計裝置容量達 74.1 萬瓦；四、慣常水利發電目標：至 2010 年累計裝置容量達 216.8 萬瓦；五、地熱發電目標：至 2010 年累計裝置容量達 5 萬瓦。在節能目標規劃方面，每年以 12%幅度改善，至 2010 年累計節約率提高 16%，累計節能 1,973 萬公秉油當量。

燃料電池作為新能源

　　工業技術研究院曲新生副院長提出：一、推動綠色能源之措施
包含（一）、建構再生能源發展機制；（二）、輔導國內再生能源產業
發展；（三）、加強再生能源與新能源技術研發；（四）、增加能源科
技研發預算。二、提高能源使用效率策略作法：（一）、能源管理法
的施行；（二）、節能目標訂定（2008~2012 要達成的減量目標為
14%）；（三）、補助預算的編列（2005 年達 300 億），其他包含推動
項目的規劃、省能中心業務之推廣等等。另外，新能源產業促進會
詹世弘理事長則提出：一、產業發展的契機，預期風力與太陽能發
電量之成長速度最快，平均年成長率分別達到 10%、16%。發展氫
能及燃料電池乃為國際潮流趨勢。

太陽能之利用

　　二、氫能源發展潛力大，預估至 2015 年氫能燃料電池車輛將逐漸普及，而至 2020 年，預期加氫站等基礎設施將逐步建構完成，且市面上將可預見許多用於筆記型電腦之 3C 電源產品。

議題四：京都議定書生效後「產業部門」因應策略

　　根據經濟部資料顯示，工業部門主要二氧化碳排放源，79~92 年平均佔全國排放量 55%左右，每年平均成長率為 5.8%。成功大學資源工程研究所陳家榮教授分析，國內工業部門能源消費與溫室氣體排放現況，由於我國能源政策之基本方針，係朝強調能源穩定供應、能源效率之提升、市場機能之發揮、能源事業自由化與民營化、環境保護與能源安全等面向發展，以其建立一個自由、秩序、效率與潔淨的供應體系為能源政策之總目標。

產業節能與教育宣導

經濟部工業局陳昭義局長提出：

一、在策略方面部分：（一）引導產業結構調整，加速推動發展
新興工業；（二）研究建立國內溫室氣體排放交易制度；（三）
針對溫室氣體排放量較大之重大投資案加強效率審查；（四）
加強國內外宣導；（五）探討國際合作減量機制之可行性。

二、在輔導面部分：（一）輔導廠商進行溫室氣體排放量驗證及
建立可被驗證的國際溫室氣體管理系統；（二）建立廠商溫
室氣體排放資料庫；（三）輔導產業實施清潔生產；（四）輔
導產業公會訂定產業自願性溫室器體檢量目標；（五）探討
國際合作減量機制之可行性。

三、在技術面部分：（一）鼓勵引進減少排放溫室氣體之技術及
設備，以提高能源效率；（二）推動事業廢棄物再利用管理；
（三）研發或引進二氧化碳回收再利用技術；（四）發展再
生能源設備製造業以掌握商機。

四、經濟誘因機制：適度修法及獎勵相關工作項目，藉以達到節能目標；支持新投資案取代舊高耗能廠，調整產業結構朝高產值方向發展。

五、部門績效檢視機制分析：（一）工業溫室氣體排放管理機制之建立。

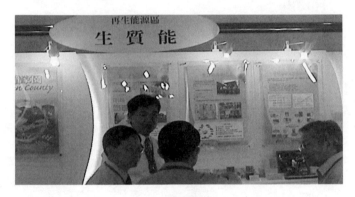

生質能利用

全國工業總會理事長侯貞雄，在全國能源會議代表產業界，透露業界對京都議定書生效後心聲，並提出下列幾項重點：

(一) 全面檢討「能源政策」有關之「能源結構」、「能源配比」與「能源安全」等問題，並推動「全民節約能源運動」是應對京都議定書不可或缺的工作。

(二) 京都議定書策略的選擇，脩關我製造業、整體經濟成長與國內就業市場安定問題，必須慎重為之。

(三) 台灣因應京都議定書之排放減量目標之策略制訂，應依循「產業界做得到」、「漸漸推動」、「調整成本可承受」等三大原則，並優先推動「產業自發性減量的能力建構計畫」。

(四) 政府與產業應持續經由對話與檢討的過程，建立減量目標及查核指標之共識，同時減量計畫與目標之擬定應先參考產業歷年之減量績效。

(五) 政府因應溫室氣體減量之政策與相關法令之研擬應以「激勵並推動產業自發性節能行動」為主，積極塑造有力的誘因與政策環境。

(六) 政府應鼓勵業者參與國際減量計畫，特別是輔導業者參與國際 CDM 計畫。

(七) 對於高耗能產業的重大投資，應從「汰舊換新」、「設備更新，效能提升」的觀點，採用最有效率，排放最低及最新的製程與設備，並藉由淘汰老舊的製程與設備，以兼顧產業升級與溫室氣體減量目標，而非以「高耗能為由」一味停止投資。

(八) 政府應針對各產業在京都議定書生效後之產品、技術及材料等發展方向，所掌握，進而規劃並提出各產業的發展策略與產業結構轉型方向。同時，政府應思考如何藉由應對京都議定書，或提高產業永續發展技術，以做為促進產業與經濟升級的憑藉。

議題五：京都議定書生效後「運輸部門」因應策略

我國運輸部門之能源消費以石化能源為主，佔 90% 以上。根據經濟部能源局資料顯示，國內運輸部門之能源消費量從 1990 年至 2000 年約成長 80%，此成長幅度相較鄰近的韓國為低，相對歐盟則高出許多。運輸部門所涉及之產業並非止於運輸服務業，應包含「資訊科技、電信通訊、車輛製造、工程營造、電機電子及能源供應」等，均為運

輸部門影響所及之範疇。孫以瀞常務理事認為溝通宣導之關鍵在於：
倡導「伙伴關係（Partnership）」，跨越地域、族群，結合產官學各界，
透過合作共生之途徑達成目標。運輸部門能源消費量於民國 92 年
時，佔全國能源消費量的比例為 15.1％，為我國第二大的能源消費
部門。

矽晶太陽電池

　　交通部運輸研究所黃德治所長認為：發展永續運輸，追求健康台
灣，具體節能與減少二氧化碳排放量的政策方向，包括：「發展綠色
運輸系統」、「紓緩汽機車使用與成長」、「提升運輸系統能源使用效
率」。中華民國運輸學會孫以瀞常務理事提出「政策與運輸產業伙伴
關係」論述，他認為建立政策與運輸產業伙伴關係之具體作法包含
有：一、低耗能低排放公共運輸車輛行駛國道長遂道之推廣輔導計
畫；二、計程車客運業應用低耗能低排放車輛之推廣輔導計畫；三、
減免大客車進口關稅執行計畫。

社會大眾節能宣導

議題六：京都議定書生效後「住商部門」因應策略

　　建築物內能源的使用範圍十分廣泛，建築外殼、空調、照明、給排水及電機等方面，都必須考量節約能源的重要性。2003 年全國各部門能源「最終消費」排放總量為 255,983 千公噸，而住商部門佔全國總耗能比，自 1990 年起逐漸成長，在 1999 年達到高峰，隨即趨於緩和。

高效能照明作為重要節能手段

　　「綠建築」一詞之出現約在近十年。內政部自 1995 年起於建築技術規則訂定節約能源相關條文；同時為積極鼓勵符合環境永續環保理念之綠建築，內政部建築研究所於 1999 年規劃完成綠建築標章及相關推動機制，鼓勵新建築物採用符合永續環境與省能環保性能之技術設計，包括生物多樣性、綠化、基地保水、日常節能、CO_2 減量、廢棄物減量、室內環境、水資源與污水及垃圾等九項指標，除針對一般私有建築物採自願性措施外，並藉由綠建築推廣方案強制要求一定造價以上之公有建築物採用綠建築設計，並通過審查以及取得綠建築標章，做為示範與宣導。

冷凍空調之節能

經濟永續發展會議記盛

　　台灣經濟永續發展會議已於 2006 年 7 月 28 日在台北國際會議中心圓滿落幕。該次會議從構思、籌備，乃至分組、跨組會議到正式舉行大會，費時數月，受到各界的矚目。會議宣稱獲得 516 項的「共同意見」，和 2001 年的「經發會」所獲得的 322 項共識相較，成果至為「豐碩」！

　　這場為了追求台灣永續發展的「台灣經濟永續發展會議」，動員行政院所有資源、五大智庫、六大工商團體、民意代表與社福環保勞工代表共 200 多人參與，會議共細分為社會安全組、產業組、財金組、全球與兩岸組及政府效能等五組。

　　行政院長蘇貞昌接受媒體訪問時表示，該次會議的召開，就是在針對長期性、結構性、爭議性的經濟議題，邀集產、官、學、研各界菁英齊聚一堂，希望透過不同的意見激盪，集思廣議、凝聚共識，為台灣經濟的永續發展制訂方向，擬定策略。他並表示，達成的 516 項共同意見，行政部門可立即執行的部分，他會要求各相關部門在一個月內，研擬提出具體計畫執行，並建立管制考核；共同意見中涉及立法的部分，也會儘速研擬法案，向立法部門提出，盼立法部門配合，

並於下會期儘速通過，以利執行；至於未列共同意見的其他建議，也會做為未來施政參考。

　　由於該次會議的議題琳瑯滿目，包括有社會安全、產業、財金組、全球與兩岸及政府效能等層面，可謂包羅萬象。本文特針對產業界所關心之「兩岸經貿管理、環評制度及溫室氣體減量」等議題，彙整相關訊息如下：

一、兩岸經貿管理

　　備受關注的兩岸直航與大陸投資 40%上限等提案，在會議激烈爭辯後被列為兩岸與財經組的「其他意見」。意即淨值 40%投資上限、三通直航、金融保險產業赴對岸參股設立據點等限制，無法如預期中得到認同及放行，與工商企業界所期待的結果不竟相同。行政院長蘇貞昌在閉幕致詞時表示，行政權責可以辦理的共同意見，將在一個月內提出具體執行計畫或方案，列為「其他意見」的建議，將作為施政參考。

二、環評制度

　　原本未列入會議分組共識的「檢討環評制度」，在大會政府效能組會議意外闖關成功，最後達成共識，依環評書件資料正確性、審查時效性、明確的上位政策及作業透明化等四大原則，儘速檢討環評制度。

三、溫室氣體減量

　　大會達成推動「溫室氣體減量法」共識，並將儘速完成能源稅條例的立法程序，以不同化石能源別單位熱值與含碳量訂定稅額。另外

在環保、能源與產業部分，決議將以外部成本內部化、建立溫室氣體管制機制、規範產業最清潔有效技術與強化科技運用等四項機制，建立環保、能源與產業三贏的經濟發展模式。不過，對爭議甚大的溫室氣體減量目標，在產業界及環保團體的拉鋸下，大會未就各項方案達成共識。其中，改列其他意見的，包括現階段不宜訂定溫室氣體減量目標，而應積極推動減量能力建構與實質減量措施、應考量京都模式以外的減量目標訂定方式等。

永續發展與環保

第一屆「國家永續發展會議」，已於 2006 年 4 月 21、22 日在臺北市落幕。陳水扁總統蒞臨致詞時表示，台灣的天然資源不豐，地理環境脆弱，因此對永續發展需求比其他國家更殷切。經濟發展必須以保護生態環境、天然資源及永續環境為基礎，環保優於經濟發展。

行政院國家永續發展委員會針對國家的永續發展前景，已勾勒出未來的願景與計畫的綱要。惟仍必須獲得台灣社會之正面回應與支持，同時更需要透過理性對話與研討，積極凝聚共識，方能將理想轉化成具體的行動與施政措施，引領台灣邁向永續發展的目標。

此次國家永續發展會議，係以環保角度切入國家整體發展，使環保主張過於凸顯。據媒體揭露有部分行政院官員認為，有關環保法規將阻礙產業發展的問題，業界代表應積極參與發聲，若無法形成共識，政府也不會貿然形成政策。這些爭議將在會後送交行政院國家永續發展委員會繼續討論。惟此次永續發展會議仍有美中不足處，不宜只以環保為主，會議應該多讓社會面的聲音進來。

永續發展的意涵與願景

永續（sustain）一詞來自拉丁文"sustenere"，意思是「維持下去」或「保持繼續提高」之意；而永續發展的定義是：環境、社會及經濟三大面向共榮發展，並不是只著重於環境保護。

去年 11 月由經濟部所召開之「如何讓台灣產業永續發展」座談會，已對未來台灣重大石化投資案的立場做出前景規劃：

一、做好環保及地方回饋；

二、要求二氧化碳排放要做到最佳可行技術，排放最少；

三、以供應國內需求為優先考量，提高國內產業競爭力。

另外，為因應全球氣候變遷，台灣的產業結構是否也要跟著調整，是眾所關心的議題。其中新興產業、高附加價值、產業關連性大的產業，將是未來發展重點；至於舊廠方面，則要求汰舊換新，並以優先供應國內市場為考慮原則。

經濟部之產業永續發展之願景為厚植我國產業永續發展的基礎，增進產業永續發展所必需的資源與能源的有效利用，使我國成為亞太地區（APEC 組織）推動建立產業永續發展之重鎮，並提昇我國產業在國際上的「綠色競爭力」，使我國成為全球環保與高品質形象的典範。

環評審議改革機制大變革

此次國家永續發展會議已正式通過環評審議機制改革方案，增加專業技術審查與顧問公司評鑑機制等多項門檻，藉以強化環評審查功能，相關方案將透過修正環評法落實。

　　一般預期，環評審議改革機制的實施，勢將拉長環評審議時程，同時業者的投資成本也將增加。改革機制共有三大重點：

一、增加顧問公司評鑑機制。

二、落實現場查核機制，在全案進入環評審查前，增加了一項把關門檻，要求先由中立的學術研究或公會等機構進行專業審查。

三、增加對運轉中的工業區建立動態監督機制，委託中立的學術、民間機構進行空氣、土壤、地下水、汙水等排放監測。

石化發展與環境保育

　　國家永續發展會議期間已就「調整產業結構，邁向永續經濟」進行討論。環保團體炮火猛烈的要求二氧化碳減量目標與時程未定前，呼籲行政院不能通過國光石化投資案，並有與會代表提出產業重大投資應採行最佳可行技術作為審查重點，建議國光石化計畫應提出具體減量方案及提撥環境公債基金等。

　　對於環保團體將 CO_2 減量目標的矛頭指向國光石化投資案，中油公司代表在會中強調，國光石化計畫係為替代高雄煉油總廠 25 年遷廠計畫所研擬，對台灣石化產業後續發展極其重要。該計畫預計一年 CO_2 排放量是 800 萬噸，相對於目前高雄總廠一年 540 萬噸僅多出 260 萬噸，惟產值卻比高雄廠多很多。若該案無法通過興建，將影響國內能源與石化原料的供應，對產業傷害很大。另有石化業者指出，台灣是民主法治國家，政府必須依法行政，在沒有任何法源依據下，片面阻止投資案合法進行，用此種「私刑」對待業者實在不合情理，政府若片面阻止石化重大投資計畫的進行，等於是「未審先判」。

　　對於本次會議，環保團體要求二氧化碳減量時程未定前，政府不得通過國光石化投資案一事，政府部門、產業界與環保團體激辯不休。中華民國化學工業責任照顧協會、台灣區石化公會等民間團體皆表示，先前主辦單位邀請業者參加分區會議，石化業者提出一堆建言，但經一、二個月的會前會，總結報告中卻隻字未提及業者所表達之意見，顯示此次會議早有預設立場，製造出來的報告呈現「一言堂」的結論。相較於此次會議欲「終結」台灣石化產業的景況，新加坡政府卻成立專區積極發展石化產業，如此天壤之別，不免讓台灣石化業者對政府政策感到憂心。

　　石化發展與環境保護看似對立，卻也可以相輔相成，乃視政府的政策如何居中協調，始有能效。政府近年來十分注意推動環保工作，行政院環保署所制訂的環保標準幾乎完全與世界先進國家同步，甚至有過之。因此政府積極輔導石化業者污染防治、提升環保工安已見成效，石化業者亦皆以建立美好舒適環境的目標做為企業發展的重要願景之一。另外，政府面對民眾非理性抗爭，能否展現公權力以維護石化業者的權益也十分重要，一味妥協於環保抗爭而不顧產業發展，對國家整體發展將不具正面幫助，更談不上永續發展。

國家永續發展會議重大議案結論

已達成共識（將納入行動計畫）	未達成共識（將送永發委員會討論）
◆ 評估取消「有害環境與能源密集」之補貼法規，例如「促進產業升級條例」等。 ◆ 降低高耗水產業之用水量，研討水交易制度的可行性。 ◆ 規劃開徵水權費，。改善水權配置並採	◆ 二氧化碳排放，就源課稅。 ◆ 行政院不應核定通過國光石化等重大開發案件。 ◆ 規劃開徵水權費。改善水權配置並採取相關配套措施。

取相關配套措施。 ◆ 一個月內，針對水患治理特別條例及石門水庫治理條例，進行討論。 ◆ 推動非核家園政策，逐年增加再生能源之比例，並逐年停止核能發電。	◆ 依照各縣市人口及地緣，分配二氧化碳減量目標。 ◆ 用水量超過 5 萬公噸／日之開發案，必須自籌水源。 ◆ 高（耗能、污染、能源密度）之產業，以不超過 OEDC 國家之配比為原則。

我國石化產業永續發展之路

我國石化產業永續發展，必須兼顧經濟、社會與環境三層面，形成等邊三角形的平衡關係。易言之，經濟成長、社會公義與環境永續兼籌並顧，促使三者交集的範圍最大，才符合國家永續發展之願景。冀望政府政策一方面輔導業者做好環境保育，一方面能展現公權力去除非理性抗爭，在理性和諧的氛圍中全力「拼經濟」，則石化產業永續發展之路海闊天空。

論台灣產業之永續發展

由經濟部與經濟日報合辦之「如何讓台灣產業永續發展」座談會，已於 2005 年 11 月 29 日落幕。此次座談會有來自於產、官、學界代表集思廣議為台灣產業永續發展提出建言。該會議由游美月（經濟日報總編輯）主持，受邀與談人有：何美玥（經濟部長）、陳昭義（經濟部工業局長）、周新懷（台灣區石化公會理事長）、劉佳鈞（環保署綜合計畫處副處長）、梁啟源（中研院研究員）、陳添枝（台大經濟系教授）、於幼華（台大環工所教授）、歐朝華（中鋼生產副總經理）等人。

面對總投資額近 5,000 億元的台塑大煉鋼廠與國光石化兩大投資案，即將在選後，面臨京都議定書生效後的新環境影響評估作業準則，產業發展與環保是否只能對立？抑或能找出平衡發展之道？這兩大基礎工業投資案有很強的產業關連性，相關產業產值高達 6 兆元，不但是鋼鐵和石化業者關切的話題，也是未來台灣經濟發展的重要指標。本文將就此次座談會資訊略作彙整以供讀者參考，摘要陳述如下：

一、發展基礎工業，至為重要

根據記者黃玉珍指出，何美玥部長認為發展基礎工業至為重要。這幾年台灣的出口大都集中電子業，約佔 33%，因此，電子業的榮枯就影響整體經濟景氣的變化。此種產業結構不均的景況，很多人擔心台灣的經濟發展會失衡，要改善這種情形，適度調整產業結構是必要的措施，發展基礎工業是讓產業發展均衡的重要關鍵之一。

鋼鐵和石化兩大基礎工業，具有照顧就業、平衡地方發展、產業關連性等特點，若能符合環保規定，政府就要全力支持，係因要兼具照顧到一定的就業率並促進經濟發展維持一定成長率的雙項優點，那麼製造業占 GDP（國內生產毛額）的比重就必須要維持和目前一樣的 25% 水準，才比較符合經濟安全機制，所以說發展鋼鐵和石化等基礎工業至為重要。尤其是目前在自由貿易協定（FTA）、世界貿易組織（WTO）等貿易規定下，都沒有進出口障礙，很多產品都是零關稅，這時候要提高競爭力，就必須要發展關連性較高的產業。

二、兩岸政策不明，業者無所適從

　　根據邱展光報導指出，台灣區石化公會理事長周新懷認為政府應將兩岸政策明定下來，那些可以，或者那些是不可以，供業者來遵循。就是因為政策不明確，所以政府歷來所推動的亞太營運中心、金融中心、物流中心等等，在兩岸政策不明確下的情況下，三通不通、導致人員不能直接往來，結果這些都做不成。

　　周新懷理事長並指出，台灣石化產業有很特殊的地方，國內生產的五大泛用塑膠外銷大陸的比率占總產能 65% 以上；因為原料不足，台灣從南韓進口苯乙烯單體的原料苯，生產加工成苯乙烯衍生物後再外銷到大陸。如果沒有大陸市場的話，以現今台灣石化產品的產能來看，外銷量是遠超過台灣本身的需求量。

三、調整產業結構，值得討論

　　我國 CO_2 排放量居全球前 25 大中的第 21 位，大約是每人排放量 10.31 噸。環保署綜合計畫處副處長劉佳鈞認為，台灣的產業結構是否要因京都議定書的實施加以調整，是一個值得討論的議題。經濟部因應全國能源會議的規定，則是要建立盤查制度；未來環保署要求減量的對象，是針對企業。二次全國能源會議，曾討論到京都議定書實施後的影響與策略方向，在這樣的方向下，環保署目前正在訂定溫室氣體減量法以及重大投資案納入環評的溫室氣體排放審查原則，台塑鋼鐵和國光石化兩大投資案都要適用新的環評標準。

　　工業和能源部門的 CO_2 排放量約佔整體排放量的八成，其中，來自化石燃料部分的排放量約占九成。因此，未來環保署的環評將針對

三個行業限制 CO_2 排放量，包括以煤、油為燃料的發電業、煉油事業以及金屬機電工業，都是被要求減量的對象。

四、二氧化碳排放量，應依不同產品來制訂

　　根據台大經濟系教授陳添枝指出，日本通產省正在研擬二氧化碳排放交易的機制與法制，他認為我國政府也應該要早一點做這方面的規劃。由於排放權的定義涉及到利益，以產業或以個別企業為排放或減量之標的都有人主張，但陳教授認為應以不同的產品來訂定，不要以個別企業來訂定。如果公司的排放符合標準就免費，達不到標準就必須花錢買。這時候就要有銀行或基金等措施，銀行是作為排放權交易的地方，公司的排放權不夠時，可以去跟銀行買，多出的排放權也可以賣給銀行，基金則可以作為改善環保之用。

　　台灣有不少的節約能源產業，以前並沒有足夠的需求讓他們生存，如今因為二氧化碳排放權的問題，對節能產業就有很大的機會。以台塑鋼廠及中油國光石化為例，政府只要訂出排放權多少就好了，只要他們能夠買到排放權，就去建新廠。針對二氧化碳排放權，可以設立市場交易基金，拿這些基金來改善環境。這個交易基金架構涉及權利與義務，如何釐訂出權利或義務，要花很多時間，我國政府相關部門必須趕快朝此方向努力。

五、經濟環保，兼顧有其困難

　　台大環工所教授於幼華言之有物的指出，以「國富論」的作者亞當斯密之「市場理論」來切入環保議題，雖然不一定行得通。但簡單

的例子是，你要買象牙（二氧化碳排放），卻向大象（環境）出價 5 萬元購買，但它是不願意賣你的，因為賣給你之後，牠就死了，這就是基本衝突的地方。歐洲工業發展至今有了 250 年的成就，但是汙染往外輸出，結果最倒楣的是第三世界的人民。

　　最近大陸的松花江汙染案也是一例，這種情況台灣 20 年前也發生過。台塑煉鋼廠與中油國光石化的投資案，就應該互相理性地先討論「台灣何去何從」的問題。例如，不必用經濟成績來和鄰國比，而是可以用生活品質來作為我們人民生活過得好不好的評斷標準；因為，我們發展經濟文明多年後，已開始思索不同的生活方式，追求不同的價值；台灣未來的願景是什麼？要做怎樣的國家或個人，我們自己選擇怎樣地過日子，也是值得我們深思的課題。

六、汰舊換新，提高競爭力

　　報載經濟部對台塑大煉鋼廠與國光石化兩大投資案的立場是：一、做好環保及地方回饋；二、要求二氧化碳排放，要做到最佳可行技術，排放最少；三、以供應國內需求為優先考量，提高國內產業競爭力。另外，為因應全球氣候變遷，台灣的產業結構是否也要跟著調整？也是眾所關心的議題。其中，新興產業、高附加價值、產業關連性大的產業，將是未來發展重點；至於舊廠方面，則要求汰舊換新、並以優先供應國內市場為考慮原則。

　　87 年第一次全國能源會議有一項重要的結論就是要支持以供應國內中、下游需求為優先的基礎產業。石化材料目前供應也不足，希望未來能達 100%國內自足。以最近要面臨溫室氣體新環評標準的

台塑和國光石化兩投資案為例，產業關連性很強，牽涉到的關連產業產值達六兆元，而且將逐漸形成兩個體系發展，做良性競爭。台塑鋼廠預計五年後才會量產，直接產值上千億元，關連產業產值三、四兆元。國光石化，直接產值 3,000 億元，關連產業產值四、五兆元。

台灣經濟永續發展的藍圖與策略

一、當前台灣經濟所面臨的問題

（一）經濟發展陷入瓶頸

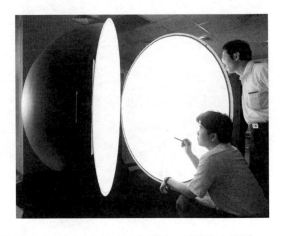

　　我國的經濟發展，歷經七〇與八〇年代高度成長階段，至本世紀初，個人平均國民所得已高達一萬二千美元以上。台灣國家競爭力，在洛桑管理學院（IMD）與世界經濟論壇（WEF）等全球競爭力評比機構報告中進步極為明顯，已從開發中國家行列，逐步邁向已開發中國家。

　　惟令人遺憾之事，乃近年來台灣經濟發展動能不足，甚至有些人稱已陷入困境。諸多對當前台灣經濟發展的研究報告指出，產業轉型

不順利及產業空洞化，導致經濟發展陷入瓶頸，此為台灣現階段經濟發展最大隱憂。

（二）經濟發展問題探討

台灣經濟發展已進入嶄新階段？是全體國人與產業界最關心的事。金磚四國經濟發展急速竄升，尤其是中國大陸與印度，致使全球的經濟情勢為之改變。開發中國家係以廉價勞力、大量生產及出口導向的策略，以微利、低價產品傾銷全球市場，做為其產業優勢。

2001 年我國政府開放八千多項產業西進中國市場後，多數廠家以複製台灣過去模式，將台灣的產業重心移往中國大陸。這項兩岸政策變革，對我國產業發展的結構影響甚大，係因台灣經過高度經濟成長階段後，已逐步邁向已開發中國家行列，企業若能以研發及產業升級做為發展的藍圖與策略，對奠定台灣經濟永續的發展應有助益。

然而近年來台灣企業早已放棄研發及產業升級之路，在西進風潮的漩渦中已將產業重心移至中國大陸。中國熱世界各國都有，而台灣特別熱，甚且超過其他國家數十倍之多。惟此景況下，我國的經濟成長是否應比世界其他各國高？國人是否同時享受到企業西進的利益？抑或台灣企業西進的結果，反而造成產業空洞化？失業率升高？錯失產業根留台灣進行研發及產業升級之路？

二、台灣經濟永續發展的藍圖

李登輝前總統最近為文指出，未來台灣經濟永續發展的藍圖，是根留台灣而非西進中國。確立以台灣做為經濟發展的核心，藉由引進

全球資源、技術、人才及資金，進階發展台灣產業競爭優勢及創新能力，以全面提升我國的經濟、科技、文化、教育、環境與民生。

往昔的台灣，僅扮演國際市場提供廉價商品的製造工廠角色，未來的台灣，應規劃更優質的產業發展環境與技術，要讓世界走進來。從去中國大陸複製過去台灣的產業發展模式，蛻變為積極建立現階段台灣產業優勢。藉由過去產業發展所累積的技術、人才、行銷、經營及創新能力，以發展「世界一流創新科技產業」做為台灣二十一世紀的經濟永續發展之藍圖。

三、台灣經濟永續發展的策略

全球產業體系中，已開發中國家行列係以產出具有競爭力的高品質商品行銷世界市場，相較於開發中國家所圖降低勞工成本、不求創新、大量生產及低價傾銷大不相同。台灣經濟永續發展的策略應大步向已開發中國家行列前進，若是繼續將產業重心移往中國大陸等開發中國家，即使一時獲利，難保對產業永續發展有利，可能在大量生產及削價競爭的情況下慘敗。

我國經濟永續發展的策略，要讓產業升級、根留台灣，並積極提高產業優勢，也就是在形成研發、設計、製造、行銷及垂直分工的群聚效應，此為台灣經濟永續發展的重要策略，應該高度重視與實踐。

過去許多人將傳統產業與夕陽產業劃上等號，那是不正確的。傳統產業轉型後，仍有相當不錯的發展前景。過去傳統產業發展過程所累積的智慧結晶不可流失，應加以創新應用，將傳統產業與現代產業加以結合，藉由創新科技，將產品高值化、差異化，推陳出新以提升產品品質，致使達到傳統產業高附加價值化。

　　政府政策對產業之發展，首要任務即為目標管理，確認此目標必須要以國家整體利益來考量，以制訂出適合當前台灣經濟永續發展的藍圖，這是相當重要的歷史關鍵。我國擁有邁入已開發中國家經濟之基礎，因此確認台灣在全球經濟中的角色定位極其重要，政府宜制訂出符合經濟永續發展的策略方向及具體規劃，集聚各項資源全力發展經濟，一樣能夠再次創造台灣經濟奇蹟。

四、台灣經濟永續發展的個案探討

　　以石化工業為例，在台灣經濟發展之初，大約三、四十年以前，大都發展勞力密集的產業，所生產的產品大都銷到國外。由於許多石化下游產業都必須由國外進口原料，成本相當昂貴，也缺乏國際競爭力，政府當時確認出口導向的產業方針，必須仰賴持續穩定且廉價的基本原料，因此開始有發展石化中上游工業的打算。

　　由於輕油裂解廠的籌設資金昂貴且風險性高，因此政府認為應由國營單位負責，並依照產業的需求，陸續興建多座輕油裂解廠，並在民國七十年初，出現很多民營的石化工業中下游廠家。台灣曾贏得雨傘、輪胎及玩具等王國之美譽，與政府積極引進國外資金、技術、人才來發展石化工業有密切關係。

　　石化工業一直是我國製造業重要支柱，不僅與民生工業息息相關，且與我國資訊電子產業原件（諸如電腦機殼、鍵盤、印刷電路板、IC 封裝、電線電纜被覆等）關連密切。此外，台灣石化工業也提供汽車工業、營建部門各類工程塑膠等工業原物料。在政府輔導及業界的努力之下，石化產業發展逐步壯大，對促進國內工業發展與經濟成長具有極大的貢獻。

　　總體而言，泛石化產業挹注經濟成長的比例甚高，提供製造業三分之一以上從業人員就業機會，其產值和出口值也都分佔製造業及總出口值三分之一以上，（有關製造業與石化業對全國 GDP 之關連，請詳見圖 3-2-1）。

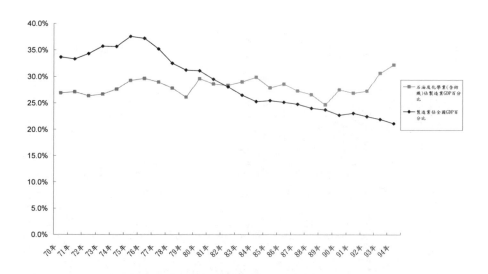

圖 3-2-1　製造業與石化業對全國 GDP 之關連

　　台灣石化產業是由下而上，逆向發展而成的一完整體系，上、中、下游環環相扣，此一體系可謂舉世獨有，因此在短短數十年間獲得良好成就，並帶動台灣經濟蓬勃發展。惟近年因國際環保公約問題及國內環保抗爭不斷，造成新廠籌建及舊廠產能擴增困難。面對民營化、國際化、高值化、多角化、合併下的台灣石化工業，發展前景備受考驗（有關我國石化工業發展歷程表，請詳見表 3-2-1）。

表 3-2-1　我國石化工業發展歷程

發展階段	階段特性	發展概要
萌芽階段 （57 年~61 年）	◆ 進口原料加工	◆ 政府曾積極鼓勵民間參與投資設廠 ◆ 第一輕油裂解廠的開工，帶領台灣石化工業邁向高度發展
發展階段 （62 年~72 年）	◆ 進一步發展下游加工 ◆ 上游原料自製	◆ 受到兩次能源危機之衝擊，國內經濟衰退 ◆ 政府積極推動十大建設，石油化學為其中之一 ◆ 進口替代期，不但提供了充沛的石化原料，種類也日趨繁多，石化產品日漸多元化 ◆ 國外資金與技術的湧入，進一步提升了國內石油化學工業的水準 ◆ 下游加工業蓬勃發展
穩定成長階段 （73 年~76 年）	◆ 進一步提高原料自給率 ◆ 尋找新投資機會	◆ 國內石化原料供應充裕，價格穩定 ◆ 中東產油國介入石化原料的市場，造成激烈競爭
發展受阻階段 （76 年~80 年）	◆ 環保抗爭產能擴增困難	◆ 環保抗爭與環保意識高漲，對石化產業發展形成阻力 ◆ 石油化學基本原料供應減少，景況低迷，不少下游業者紛紛外移至中國大陸
後續發展階段 （80 年~95 年）	◆ 國際競爭增強 ◆ 民營化、國際化、高值化、多角化、合併	◆ 第一家民營化輕油裂解廠（台塑六輕）投產 ◆ 台塑又陸續推展六輕三期及四期計劃，產能規模更為擴大 ◆ 中油公司與業者籌組成立國光石化科技公司 ◆ 中油與台塑成為台灣石化工業重要的石化基本原料生產廠家

資料來源：參考化工學會與石化年報整理製表

　　台經院 2006 年產業關聯評估報告的資料指出，高雄煉油廠提供我國經濟總產值及附加價值約 4,256 億元，並約有 16.3 萬個就業機會，足見石化業持續發展與台灣經濟發展息息相關；中油與民間石化業成立的國光石化科技公司每年亦可創造超過 3,500 億元產值，增加我國民生產毛額 0.91 個百分點；營運後每年約可增加中央及地方政府 443 億元稅收，並創造 25,000 個直接及間接就業機會，可望帶動相關產業的投資與發展，以及 6,500 億元的關聯產業間接產值，對提振台灣經濟競爭力有立竿見影的成效。

　　台灣經濟永續發展的策略應大步向已開發國家行列前進，與其讓台灣石化業者因無法在國內繼續發展被迫將產業重心移往中國大陸，政府不如支持業者所提出之產能更新及新廠籌建計畫，讓台灣的石化產業有高值化及永續發展的機會，相信與其他傳統產業一樣，轉型後仍有相當不錯的發展前景。

　　我們期盼政府在研擬經濟永續發展的藍圖與策略時，應當認清台灣石化工業當前所面臨的嚴重問題，回歸整體經濟發展的真實面貌，制訂合宜新時代經濟發展的藍圖與策略，集聚政府與業者對全力發展經濟的堅定信念，勇敢跨步向前進！

第三章　變遷中的台灣石化工業

台灣石化上游積極尋求新投資

　　國內石化業者爭取赴大陸投資輕油裂解廠，乃是推動本業國際化之一環，大陸石化市場之潛力甚大，業界普遍認為應適時在大陸市場卡位；設立輕油裂解廠可與國內先前已外移到大陸設廠的中下游業者結合，發揮群聚效應，就近供應所需的烯烴、芳香烴等基本原料。

　　數大世界知名石化大廠已陸續登陸設立石化專區搶佔大陸廣大潛在市場，相對之下我國政府卻仍未明確開放業者登陸投資輕油裂解廠，恐將造成我國石化產業國際化進展受阻，落人之後。

　　為了本業的永續經營及未來發展，石化業界有志一同一致認為應該開疆闢土尋求生機，致力於國內、外石化上游的設立及更新擴建，力圖展現本業新契機。

中油公司「力爭上游」

中油公司爭取參與非洲查德探採原油的的機會方面，乃著眼於提高探採原油所佔之獲利比重。相較於國際上之石油公司，來自探採之獲利比重往往高於九成，而中油公司卻僅佔一成左右，目前中油公司積極爭取與查德政府合作探採原油計畫，冀以改善中油之獲利結構，進一步提升探採之獲利比重。查德有一處廣大的待探採油田，面積相當於 12 個台灣大，廣及 44 萬平方公里。陳寶郎樂觀的指出：若中油公司爭取參與探採的計畫能順利達成，未來幾年的成長將十分樂觀。

另一方面，中油的三輕更新計畫已於 2006 年 12 月 18 日順利完成公開說明會，預估 2007 年 2、3 月即可動工，隨著三輕更新計畫動工，廠商外移壓力可望減輕。至於國光石化，建廠環評說明書已經送環保署，可望在 2007 年 3、4 月完成環評。因此三輕更新及國光石化等重大投資案推動順利，石化業留在台灣還有很大的發展空。

據中油表示，另一個迫切的工作目標乃是爭取「高雄煉油廠轉型為石化科技園區」，若能在兼顧環保的基礎上，將五輕就地更新乙烯年產能擴充至 100 到 120 萬公噸，就現階段觀察，將能解決國內乙烯供應不足之窘境。有了充分的乙烯供應量，石化中下游業者在料源無慮的情況下，便樂意投入更多資金擴建產能，這對整體石化產業的發展助益極大。

廠家計畫集資赴中國投資

近年來，由於世界各大知名石化廠紛紛與中國合資設立石化專區，根據媒體報導目前在中國設立石化專區或計畫投資之跨國企業

有：殼牌（Shell）、陶氏化學（Dow）、愛克森美孚（ExxonMobil）、菲力浦石化（Phillips）、德國巴斯福（BASF）、英國石油（BP-Amoco）及沙烏地阿拉伯 SABIC 等。

　　由於我國尚未開放國內石化上游業者赴中國投資設立輕裂廠，因此業者皆十分擔心會喪失本業的競爭力，一再呼籲政府能立即解除禁令。台灣區石化公會理事長周新懷表示，台灣生產的石化產品，平均五成以上都銷往中國大陸，若政府繼續採行閉鎖政策，我國石化產業將步上逐步萎縮之路。他進一步指出，自民國 68 年前後，中油公司第一、二輕，加上第三、四輕油裂解廠的擴充，當時我國乙烯總產能排名亞洲第二。嗣後，由於民眾抗爭不斷，造成台灣石化產業發展歷史的十年空窗期。

　　中國大陸近年來積極發展石化工業，BP 與中石化合資在上海漕涇興建年產 90 萬噸乙烯及其配套設施已於 2005 年 3 月正式投產；BASF 與揚子石化合資在南京興建年產 60 萬噸乙烯及其配套裝置預計將於 2005 年 9 月正式投產，殼牌與中海油合資位於廣東惠州興建年產 80 萬噸乙烯及其下游工廠將於 2006 年第一季度投產；福建煉化與 Exxon Mobil 及 Saudi Aramco 合資位於福建泉州興建年產 80 萬噸乙烯的煉化一體裝置已於 2005 年 7 月開工興建，預計將於 2008 年完工；此外尚有新疆獨山子及鎮海煉化等多個年產 100 萬噸乙烯級之石化專案將於未來陸續實施。

　　若政府現階段能讓大陸政策明朗化，即時開放國內業者前往中國大陸投資輕裂廠，那麼還有卡位的機會。因為，大陸地區至 2008 年乙烯需求量將達 2,000 萬公噸，除了自產之外，缺口仍有約 1,200 萬公噸。石化公會計畫邀集會員公司到彼岸設立年產 100 萬公噸輕油裂

解廠，投產後之石化基本原料將分配給參與投資各廠，但這項計畫仍要與政府各單位溝通協調。

台塑集團大陸佈局

儘管台塑集團低調回應有關集團與中國大陸某石化集團洽談結盟事宜，但媒體仍以廣大之篇幅報導此事。由於殼牌（Shell）、陶氏化學（Dow）、愛克森美孚（ExxonMobil）等跨國集團皆是透過與中石化集團總公司合作，因此順利到大陸設立石化區；儘管台塑集團有意計畫在寧波北崙建立一座年產 120 萬公噸乙烯的輕裂廠，但是由於我國尚未開放國內石化業者前往大陸投資輕油裂解廠，所以此計畫遲遲無法進行。其中，由大陸中石化供應台塑寧波北崙石化廠石化基本原料，可能成為台塑集團整合寧波北崙石化區成為一貫作業石化廠的另一個可行目標。

由於中石化公司係為多角化經營之大型石化集團，亦是中國大陸最大規模的石化廠家，除石化領域之外，該集團也經營石油探勘及產銷業務，旗下並且有規模龐大之煉油生產事業。近年來由於大陸汽車數量急遽增長，對汽、柴油的使用量需求殷切，致使中石化集團在生產不敷使用的情況下，必須向外尋求代煉業者，因此與台塑集團尋求代煉業務、原料供應及貿易等業務進行洽談，並尋求結為策略伙伴關係。

耗資 3,000 億元的大陸寧波大乙烯計畫和 1,500 億元的台塑大煉鋼廠是台塑集團 2007 年度重點投資計畫。台塑集團創辦人王永慶於 2007 年 1/4 首度表示，只要兩岸三通開放，輕油裂解廠也可留在台灣做。並強調台塑集團若要到大陸投資輕油裂解廠一定是政府核准情況

之下，展現台塑集團根留台灣的立場未動搖。此外，王永慶分析，台灣目前唯一生產的中鋼年產量近一千萬噸，台灣目前缺口仍高達一千多萬噸，若台塑大煉鋼廠能通過政府核准，能帶動台灣工業發展，從台灣經濟層面來說是有幫助，因此有努力推動的必要。

建議石化上游開放登陸

誠如台灣區石化公會理事長周新懷在 93 年度會員代表大會獻詞文中指出：我國石化上游之開放登陸，是推動國際化之一環，大陸石化市場之潛力大，業界咸認應適時在大陸市場卡位；設立輕油裂解廠可與國內先前已外移設廠的中下游業者結合，發揮群聚效應，供應所需的烯烴、芳香烴等基本原料。我們（石化公會）持續向政府相關單位提陳建言與說帖，並澄清及消除上游登陸會造成產業空洞化與資金失血等的疑慮。

另外，台灣區石化公會首次於 2007 年 2 月舉辦新春茶會，再度請求政府能夠開放輕裂廠赴大陸投資，因應石化生產廠就近市場的產銷策略。新春茶會由台灣區石化公會理事長周新懷主持，並邀請全國工業總會理事長陳武雄以及多家石化業大老及經營者參加。在政府逐步開放八吋晶圓廠登陸後，石化公會呼籲政府儘速召集產官學小組，將輕油裂解廠從禁止類改為一般類，准許國內石化業前往大陸以獨資或合資方式，建立輕油裂解廠，以利中下游台商確保料源供應。

綜合上述，石化業界冀期政府開放石化上游赴中國大陸投資興建輕油裂解廠。投資一個包括輕油裂解廠的石化中心約需新台幣 1,500 億元，其中約三分之二資金可由大陸銀行與國際金融體系獲得貸款，同時回頭向台灣採購 520 億元的設備，真正要從台灣匯出去的錢其實

不是很多。另外業者也強調，台灣石化廠家在大陸投資已不少，但都僅限於像原料可外購、易於運送的苯乙烯系之類產品，因為沒有輕油裂解廠生產乙烯、丙烯等基本原料。

從印度石化發展省思台灣的三輕更新

前言

　　「金磚四國」大陸、印度、巴西、俄羅斯崛起，吸引各界目光。其中印度面對全球化的浪潮，適時推動各項改革，成為經濟發展的強大動力。有機構預測 2032 年印度國內生產毛額將超越日本，成為全球第 3 大經濟體；身為「亞洲四小龍」的台灣，過去高度的經濟發展也曾經吸引世人的目光。在經濟發展潮流中，孰盛？孰衰？是業者津津樂道的話題，石化發展亦復如此。

　　近期以來，印度政府積極拓展石化相關投資，藉以刺激該國的石化工業發展，目標是 2011 年石化規模將躍升至全球前五大。惟在此同時，台灣石化業者卻在為五輕遷廠期限逼近，三輕更新案無法落實而憂心忡忡。

　　本文將從印度現階段石化發展的角度，來省思台灣三輕更新案的發展情勢，相關陳述內容如下：

印度石化的發展

發展概況

　　印度的石化工業發展是業界關注之焦點之一，根據相關文獻指出，去年印度的石化產值約 300 億美元，占製造業的 18%、占國內生產毛額（GDP）的 3%，是亞洲第三大，全球第十二大。（有關印度石化工業原料的年產能資料，請詳見圖 3-3-1）。印度化學製造協會（ICMA）預估至 2011 年時，印度石化品產值將成長至 1000 億美元，規模將躍升至全球前五大。

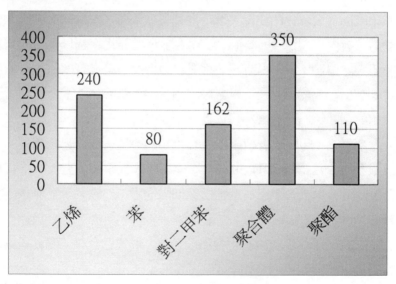

圖 3-3-1　印度石油化學工業相關原料產能　單位：萬公噸／年

資料來源：整理自石化工業雜誌報導

石化政策近貌

印度政府正積極拓展石化相關投資，藉以刺激該國的石化工業發展，印度政府的政策方針，係以推動該國石化產業的永續成長為目標。

印度除了現有的 8 座輕油裂解工廠外，也正積極進行其他投資，以充分滿足石化工業發展的需求。例如印度石油和天然氣公司 ONGC 投資 30 億美元，興建一座 100 萬公噸乙烯裂解廠，預計 2009 年完工；並且印度石油公司 IOC 也投資 15 億美金，興建一座 80 萬公噸年產能的乙烯裂解廠，預計 2007 年完工。

據印度國營新聞信託社本年 9 月中旬的報導指出，印度為謀求有朝一日成為國內及國際市場樞紐，該國政府化學品暨化學肥料部正在擬訂一項獎勵投資政策，「石油、化學暨石化工業投資園區」計劃即將成立。印度政府已計劃在石化工業方面吸引更多的投資，計劃中的「石油、化學暨石化工業投資園區」將會提供最完整的基礎建設、架構及相關支援，藉以促進生產製造、出口及國民就業成長。

另外，印度最大私人企業信誠工業（RELIANCE INDUSTRIES）也宣布將於未來十年內，斥資 87 億 6 千萬美元闢建經濟園區，提供穩定電力以及其它印度缺乏的服務，吸引企業進駐設廠。

由上述印度石化發展概況及政府政策近貌，不難發現該國政府對於推動石化發展在政策上是全力以赴的，以石化工業做為經濟發展的強大動力基石，係為印度經濟快速竄升的因素之一。現階段印度政府石化相關政策，即是建設一個永續、透明且友善的投資環境，使印度未來成為一個供應國內及國際市場的重要石化產品中心。這樣的魄力與決心值得我國政府參考。

台灣石化發展的嚴峻課題

五輕即將遷離的衝擊

在印度政府積極拓展該國石化工業的同時，我國石化業者卻在為五輕遷廠期限逼近，三輕更新案無法落實而憂心忡忡。對比兩造情境，甚為台灣石化業者不平。

回顧台灣石化工業發展軌跡，從民國 57 年一輕完工以來，我國石化工業逐漸形成一套完整的石化體系，期間政府扮演石化工業發展的主導者，藉著各項經建計畫與十大建設等政策來推動石化工業成長。民國 62-72 年係為台灣石化工業發展階段，政府積極發展石化工業，先後完成頭份、仁大以及林園等石化工業中心，提供了充沛的石化原料做為各項工業發展的基礎，並且石化品種類也日趨繁多，多元化，奠基了石化工業之整體架構。

接著，在民國 73-76 年間，隨著多座輕油裂解的完工投產，使國內石化原料供應充裕，價格穩定（有關中油公司現有輕油裂解廠產能，請詳見圖 3-3-2）。但是 76-80 年間，導因於環保抗爭因素，使我國石化持續發展面臨挑戰，雖經過千辛萬苦，排除環保抗爭，並付出龐大的回饋金，五輕才得以在民國 83 年完工投產。惟政府承諾五輕 25 年遷廠，為我國石化發展投下變數。如今距民國 104 年的五輕遷廠期限，僅剩 7 年的時間，讓許多台灣石化廠家憂心忡忡。

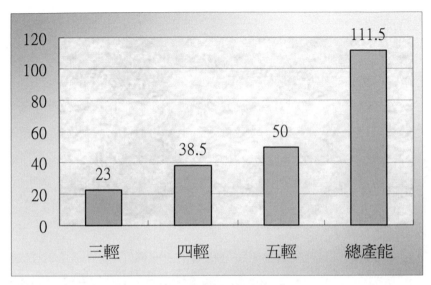

圖 3-3-2　中油公司現有輕油裂解廠產能　　單位：萬公噸／年

資料來源：整理自 2006 石化年報

　　若五輕拆遷，高雄煉油廠無法營運，則仁武、大社石化專業區也將面臨斷料窘境。中油及石化業者認為高雄煉油廠供應 45%以上的石化基本原料予多家民間石化廠，若真的如期拆遷，對台灣石化工業衝擊甚大。另外，五輕遷廠後，高雄地區 40 多家石化廠一年所創造的數千億元營收將歸零，更會影響 60 萬個家庭的生計。足見五輕將迫遷的情勢，使台灣石化發展面臨巨大的衝擊，這樣的重大經濟及民生損失值得關注！

三輕更新原地踏步

　　本刊總編輯在前期 9 月號短評「三輕更新迫在眉睫」，已為三輕更新對台灣石化工業發展的迫切性及經濟性做了最佳的詮釋。

　　台灣區石化公會理事長周新懷 9 月初接受媒體訪問時表示：三輕更新案自民國 93 年 8 月行政院通過迄今，兩年時間過去，更新案還在原地踏步。若三輕更新案無法順利於民國 103 年完成，一旦高雄煉油廠遷廠停產，我國石化產業將面臨到石化基本原料短缺的嚴重問題。中油所提出的三輕更新案，係為了避免台灣石化產業斷料，穩定地方經濟及就業。

　　三輕更新案，總投資金額超過新台幣 400 億元，原計劃採取先建後拆方式，興建年產量達 100 萬公噸乙烯工廠，取代原有 23 萬公噸老舊設備，中油原規劃 99 年底完工，民國 100 年元月投產。儘管地方環保人士反對，但支持者也不少，由於地方爭議未解，目前更新案進度落後。經濟部 8 月底向媒體表示，三輕更新要「加快腳步」，不可無限期延長，對原地踏步許久的更新案注入新能量。

　　據了解，三輕更新計畫，雖然是更新設備，但涉及工業區擴編，地方部分人士反對，因此，三輕更新計畫，究竟是只提環境影響評估差異分析及建廠環境差異分析即可，或是必須就擴編的工業區提環境影響評估報告，目前環保署態度未明。不過根據行政院 9 月初的決定，為降低環評等行政審查程序的不確定性，將建立政策環評。但已進入環評程序的個案，不宜再進行政策環評，這項政策能否為三輕更新、台塑大煉鋼廠、國光石化投資等重大投資的環評困境解套，仍值得進一步觀察。近日中油公司已再就工業區不擴編另擬計畫。

結語

　　近年來經濟高度發展的印度，該國政府在石化方面積極拓展的作為，可從近期剛發佈的「石油、化學暨石化工業投資園區」獎勵投資計畫一覽無遺。惟在此同時，台灣石化業者卻在為五輕遷廠期限逼近，三輕更新案無法落實而憂心忡忡。因此，筆者呼籲政府應展現魄力及決心，珍惜往昔台灣石化發展階段所建立的石化工業中心及基礎設施，從迫切性及經濟性的角度，正視三輕更新迫在眉睫的事實，力促三輕更新案的即刻落實。

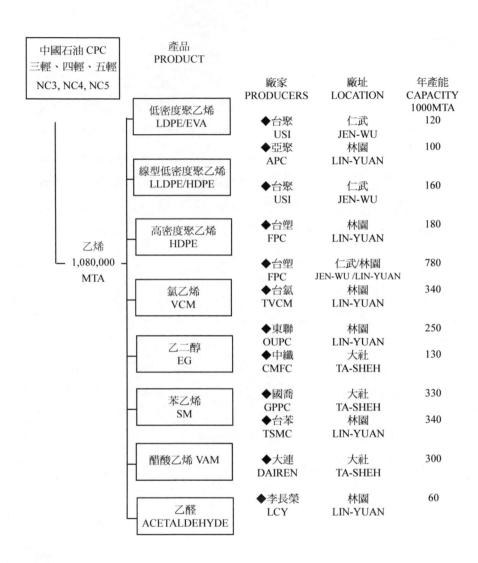

圖 3-3-3 大社－仁武－林園石油化學中心乙烯系石化品組成圖

資料來源：整理自 2006 石化年報

台灣石化企業致力於環保工安

　　時序進入 2007 年，自歐美席捲全球的樂活「Lifestyles of Health and Sustainability」風潮正盛，人們追求健康、關心環保的生活態度正成主流。各式環保商品業績大好，某方面反映了人們對於地球暖化的焦慮未減。無論是《明天過後》還是《不願面對的真相》，「氣候暖化」變成受矚目的話題，這股環保風正方興未艾的改變人們的生活。

　　根據近期媒體揭露，就連高度追求經濟發展的中國也面臨日趨沈重之環保壓力。該報導指出，儘管中國政府一再宣稱，其執政之第一優先係維持經濟成長，其次乃縮短城鄉收入差距，三是反貪，第四才為環保，惟中國經濟高度成長的結果（大約每隔 7 年成長 1 倍），伴隨而來的，乃是環保壓力。

　　據中國環保總局資料顯示，中國在 2004 年時，已因污染造成 340 億美元的損失，相當於當年度國民生產總額的 3%。另外，在 1990-2002 期間，中國的二氧化碳排放量已增加 44.5%，達到 33 億噸，預估到 2020 年將增加至 66 億噸。

　　據國際能源總署的「2006 年世界能源展望」報告指稱，預估在 2010 年中國將超越美國成為全球最大的二氧化碳排放國，屆時，中國的環保問題將成為全球性的問題。中國已成為僅次於美國的全球第

二大石油消費國，為紓緩環保壓力，中國政府的目標為在十一五期間，將能源效率提升 20%，而在 2020 年，使每人能源消費量較 2002年降低 43%，並積極推動風能與再生能源之開發運用，足見環保問題並非只是一國的內政問題，早已成為國際注目的焦點。

　　事實上，環境是人類寶貴的資產，先進國家的環境保護已由公害防治、民眾健康維護，提升至以建立舒適美好的生活環境為目標。從短期的角度來看，環境保護工作雖會導致企業防治污染成本的增加，但就國家長期發展的角度而言，環保工作的推動將有助於健全一國之投資環境，加強國際競爭力，並可避免遭受國際貿易之制裁。因此，環境保護與經濟發展之間的關係應非對立，而是有相輔相成的效果。

企業的環保課題

　　二氧化碳是自然界生態活動必然會產生的物質，但因為工業及文明的發展，人類大量使用石油或煤炭等燃料，使得二氧化碳排放量增加，進而加速所謂溫室效應的形成。由於全球暖化的事實，以及京都議定書的實施，企業排放大量的二氧化碳，必需透過國際間制定的規範來加以抑制。因此，企業必需從改善製程或減少產量來因應。我國雖非聯合國會員國，但身為地球村成員，為善盡環保及追求永續發展，應積極回應及推動各項無悔措施（節約能源、提昇能源效率）並進一步提升國家競爭力。

　　京都議定書已於 2005 年的 2 月 16 日正式生效。全球已有 141 個國家和地區簽署議定書，其中包括 30 個工業化國家在內。依京都議定書規定，締約國家都必須將二氧化碳為主的溫室氣體排放量，於2008 年至 2012 年間回復到 1990 年的基準、並再削減至少 5%。

　　工業化國家達成減量目標的時間在 2008 至 2012 年，台灣係屬於第 2 波將被要求推動的國家。根據經濟部工業局的資料顯示，目前台灣的溫室氣體排放量，其約佔全球總排放量的 1%左右；世界排放量排名為第 22 位。

　　我國為因應京都議定書之生效，已於 2005 年 6 月在台北召開全國能源會議。據京都議定書生效後「產業部門」因應策略報告書中指出，我國工業部門主要二氧化碳排放源，1990~2003 年平均佔全國排放量 55%左右，每年平均成長率為 5.8%。國內工業部門能源消費與溫室氣體排放現況，由於我國能源政策之基本方針，係朝強調能源穩定供應、能源效率之提升、市場機能之發揮、能源事業自由化與民營化、環境保護與能源安全等面向發展，朝建立一個自由、秩序、效率與潔淨的供應體系為能源政策之總目標。經濟部工業局因應京都議定書之生效提出：

一、在策略方面部分：（一）引導產業結構調整，加速推動發展新興工業；（二）研究建立國內溫室氣體排放交易制度；（三）針對溫室氣體排放量較大之重大投資案加強效率審查；（四）加強國內外宣導；（五）探討國際合作減量機制之可行性。

二、在輔導面部分：（一）輔導廠商進行溫室氣體排放量驗證及建立可被驗證的國際溫室氣體管理系統；（二）建立廠商溫室氣體排放資料庫；（三）輔導產業實施清潔生產；（四）輔導產業公會訂定產業自願性溫室器體檢量目標；（五）探討國際合作減量機制之可行性。

三、在技術面部分：（一）鼓勵引進減少排放溫室氣體之技術及設備，以提高能源效率；（二）推動事業廢棄物再利用管理；

（三）研發或引進二氧化碳回收再利用技術；（四）發展再
生能源設備製造業以掌握商機。

四、經濟誘因機制：適度修法及獎勵相關工作項目，藉以達到節
能目標；支持新投資案取代舊高耗能廠，調整產業結構朝高
產值方向發展。

五、部門績效檢視機制分析：（一）工業溫室氣體排放管理機制
之建立。

前經濟部長何美玥接受媒體訪問時強調，國內企業宜採用溫室氣
體排放量最少的製程設備，並提出節約源能策略；未來台灣將設法把
新建的工廠設施，朝採用溫室氣體排放量最低製程設備規劃，對全球
二氧化碳減量排放將有正面意義；製程汰舊換新，淘汰掉沒有效率的
設備，才符合京都議定書的精神。

台灣石化企業致力於環保工安

就台灣石化企業而言，具有諸多優勢，包括完整的上、中、下游
整合體系、世界級水準的技術人才、整齊的教育水準產生對研發能力
的充沛支援、擁有豐富的建廠經驗、石化廠財務健全體質良好及具有
繼續投資的潛力等。台灣石化工業的產業關聯性高，相關產業的產值
佔國內生產毛額的比重幾近 30%，對國家的經濟發展影響深遠。

具相關資料指稱，企業的責任不僅是社會責任，包括 3E 再加 STS
的責任：3E 指的經濟、環境、能源的責任；STS 指的是科學、技術
與社會責任。石化企業面對京都議定書的正式生效，除對環境保護工
作積極改善，致力於公害防治、工業安全等方向外，並朝生態保育及
建立美好舒適環境的目標邁進。

台灣石化企業致力於環保與工安，以石化上游為例：

中油公司

中油公司為善盡保護環境的企業責任，積極推動廠內工安管理制度與環境保護改善工程，提出污染防治計劃，以安全紀律、檢查落實、風險管理、持續改善等作為安全衛生政策，建立了重視工業衛生安全之企業文化，並奠定永續經營的基礎。

1997年11月中油率先通過標準檢驗局ISO-14001環境管理系統之驗證，2003年又通過標準檢驗局的OHSAS-18001職業安全衛生管理系統，為中油公司及經濟部所屬國營事業第一批通過此系統驗證的單位之一。

中油園石化廠為使環境保護管理制度和國際接軌，從1988年起即大幅進行持續性的環保改善計畫，都有很好的績效。石化事業部於1997年11月通過國家標準檢驗局ISO-14001環境管理系統之驗證，並提出環境政策—符合法規、提升形象、污染預防、降低成本，承諾環保、持續改善，全員參與、永續經營等要求全體員工遵守並確實執行。

中油公司石化事業部每年對環境保護繳納專款，由政府統籌運用於改善環境及地方建設，目前除污染防治工程持續推動外，不惜成本使用高價的潔淨燃料，主動表態參與改善二氧化碳排放議題，提出相關減量計畫。

石化事業部林園石化廠早於2002年即開始進行二氧化碳盤查，同年10月完成溫室氣體排放清冊與基線，提報總結報告，並擬訂新的去除瓶頸，提高設備使用效率方案。積極規劃煉油石化整合，能源

有效使用，採高效率或省電機械設備，工場排放之廢氣再生使用，工廠廢水回收再利用，綠色環保產品之採購及使用，加強工場綠化等等，建立溫室氣體清查體制，整個體制建立，自 2004 年起，由於煉油石化景氣趨於活絡，更開始引用過去的盤查基礎逐年訂定減量目標，並以 2005 年至 2009 年為階段，持續推動 CO_2 減量工作。

中油公司表示，本著遵循法規、預防污染；安全紀律、檢查確實；風險管理、衛生保健；持續改善、永續發展的環安衛政策，努力做好在工廠安全衛生、環境保護及社區美化等各方面工作，使對環境影響降至最低。更新硬體設施，以實際的行動展現中油石化事業部對提升工安、降低污染、降低成本、振興台灣石化產業、促進地方繁榮並帶動下游石化業「根留台灣」的決心，將會有所助益。

台塑企業

台塑企業自創立以來，以實際行動響應政府政策，共同為發展台灣經濟、繁榮社會而努力。多年來在追求經濟成長之際，台塑企業也一直堅持「環保與經濟並重」的理念，對於污染防治及環保工作不遺餘力。

基於發展工業必須兼顧環境保護，六輕於建廠前先委由台灣著名大學及先進國家專業工程公司以科學方式模擬計算，並研擬減輕影響環境之保護措施，再據此提出環境影響評估報告，經環保署聘請海內、外學者、專家審核通過後才著手建廠，以後並由環境監測機構負責追蹤考核，以確保環境品質。六輕興建期間，共投入新台幣數百餘億元從事污染防治，金額相當於兩個台塑公司的資本額。

　　由於六輕在麥寮的用地係由填海造陸而來，其建廠區域多屬沙地且鄰近海邊，因此，在環境保護措施方面，主要工作不單為污染防治，在六輕開始整地、建廠之初已開始進行造林綠化以進行「環境改善」的工程，綠化面積達六輕總面積的十分之一。台塑企業為了做好環保工作，投資 956 億元，約佔總投資金額之 16.7%，採用最先進工業污染防治技術，以工業及環保兼顧之良好基礎，並融合各項現代化設施，開創國際化水準的工業區，加上台塑企業長期不斷鞭策改進所累積之經驗，致力做好環保工作。

　　另外，台塑企業各擴、建廠自 1999 年起已陸續投料生產，已運轉之生產廠其污染物排放，皆能符合最嚴格之環境影響評估承諾標準，台塑企業於 2002 年 8 月通過 ISO-14001 認證、2003 年 7 月通過 OHSAS-18001 職業安全衛生管理系統認證，且將 ISO-14001 及 OHSAS-18001 等 ESH 管理作業系統整合，於 2005 年 8 月通過 ESH 整合認證，此為有效減少工安及環保異常，進而穩定生產，並實現零污染零災害之目標。

　　綜上而論，環保課題並非只是一國的內政問題，早已成為國際注目的焦點。因應京都議定書之生效，減少二氧化碳排放已勢在必行，台灣石化企業除克盡其社會責任外，亦展現其對經濟、環境、能源、科學及技術的責任。近年來面對環保課題，遵循法規、預防污染，並持續改善工廠安全衛生及環境保護等各方面工作，使對環境影響降至最低。

　　中油公司的三輕更新計畫已於去年 12 月 18 日順利完成公開說明會，讓該計畫邁入一個新的里程，顯示台灣石化企業致力於環保工安

及的成效，以及積極更新設施，以實際的行動展現對提升工安、降低污染、振興產業的積極作為，已逐漸獲得大眾認同。

化工產業高附加價值化

根據經濟學者龔明鑫的觀察，以全球產業分工的角度來看，昔日台灣經由日本或美國進口原料、相關零組件等，在台加工組裝之後，再回銷至美國、日本市場，形成早期的三角貿易；如今，產業分工變得更細，係因有「世界工廠」之稱的中國大陸快速的崛起，在加入了中國大陸這一段組裝，成為新的三角或四角貿易。不同的是，台灣的出口主要地區由美國轉移到中國大陸，分工的角色也由最末端的加工組裝者，變成零件、原料及機器的製造者及商品運輸者。然而不變的是，此一分工的主導者，仍是歐美日國際品牌大廠，掌握了研發及品牌的利益。

2004 年我國的經濟成長仍仰賴出口的持續增加，尤其是對中國大陸出口增加幅度最大；2004 年台灣前三季對中國大陸出口大幅成長達 37.5%，佔總出口金額比重 25.9%，若將香港計算在內，比重更高達 37%。報載根據經建會「兩岸經貿觀測小組」調查報告顯示，近年來我國對中國大陸投資與出口貿易比重持續快速上升，但另一方面，我國在中國大陸進口市場佔有率卻逐漸下滑，係因受到日本、韓國及中國大陸當地廠商的激烈競爭之故。有關台灣、日本、韓國對中國大陸出口金額對佔總出口比重比較表請詳見表 3-3-1～3-3-3（資料來源：93 年 12 月 27 日，自由時報）。

表 3-3-1 台灣對中國大陸出口金額對佔總出口比重比較表

單位：億美元

時間	對中國大陸出口額	成長率（%）	佔台灣總出口比重（%）
1997	164.4	1.6	16.8
1998	166.3	1.1	16.6
1999	195.3	17.4	17.5
2000	254.9	30.6	17.6
2001	273.4	7.2	19.6
2002	380.6	39.2	22.5
2003	493.6	29.7	24.5

表 3-3-2 日本對中國大陸出口金額對佔總出口比重比較表

單位：億美元

時間	對中國大陸出口額	成長率（%）	佔日本總出口比重（%）
1997	289.9	(-0.7)	5.2
1998	282.1	(-2.7)	5.2
1999	337.3	19.7	5.6
2000	415.5	22.9	6.3
2001	428.0	3.1	7.7
2002	534.7	24.9	9.6
2003	741.5	38.7	12.2

表 3-3-3　韓國對中國大陸出口金額對佔總出口比重比較表

單位：億美元

時間	對中國大陸出口額	成長率（%）	佔韓國總出口比重（%）
1997	149.3	19.6	9.4
1998	150.0	0.4	9.0
1999	172.3	14.9	9.5
2000	232.1	34.7	10.7
2001	233.9	0.8	12.1
2002	285.7	22.2	14.6
2003	431.3	51.0	18.1

　　根據上述有關台、日、韓 3 國對中國大陸出口金額對佔總出口比重比較資料顯示，若以我國出口資料做為分析基礎，可以觀察出台、日、韓 3 國對中國大陸出口的依存度變化，其中「台灣對中國大陸的出口依存度最高」，以 2003 年為例，台灣出口中國大陸市場金額達到 493.6 億美元，佔我國整體出口百分比為 24.5%，這個比率遠高出日本的 12.2%與南韓的 18.1%。經建會表示為避免對中國大陸單一市場過渡依賴而帶來風險，因而提出台灣必須加速「分散市場」與「產業升級」，以降低對台灣經貿發展之衝擊。經建會「兩岸經貿觀測小組」更進一步提出對「產業升級」的具體因應有以下幾方面：（一）、全力推動核心優勢產業、（二）、傳統產業高附加價值化、（三）、推動「服務業發展綱領與服務方案」。筆者認為政府若積極推動產業升級使傳統產業高附加價值化，除能提升產業競爭力之外，更有利於產業進行全球佈局。本文將截錄近期以來經濟日報有關化工產業高附加價值化系列報導，陳述如以下各點：

國外經驗值得參考

打開全球產業排行榜，誠如：DUPONT（杜邦）、R&G（寶鹼）、Dow（陶氏）、日本 JSR、住友、德國 BAYER（拜耳）、BASF（巴斯夫）等，都是擁有創新經營理念與時俱進的廠家，不斷積極在產業中推陳出新，成功開發讓生活更美好、舒適的高值化產品。更另人驚訝的是這些歷經百年考驗仍毅力不墜的老字號公司，不乏以「化學科技」起家的知名品牌，據經濟日報指出：以日本住友化學各主要部門營業額與營業利益為例，2002 年住友化學的特用、精密、醫藥化學品的營業額為 3,544 億日圓，佔總營業額的 39%，但這部分的營業利益卻高達 80%；日本 JSR 公司由傳統的橡膠、乳膠產品，朝向電子資訊化學品多角化轉型，這些多角化新事業的營業額佔總營業額的三分之一，但卻貢獻三分之二的營業利益。

再看杜邦的案例，杜邦以科學為基礎，橫跨食品營養、健康保健、紡織、家居建築、電子及運輸等領域，提供各種改善人類生活品質的高附加價值產品。回顧 200 年前，杜邦公司是以火藥起家的，100 年後才逐漸轉型為一家多元的企業，跨足化學、材料及能源等業務。而今天，杜邦進入第三世紀，以提供科學的解決方案徹底改變人類生活品質。

化學產業高值化，重塑新形象

國內化學產業長期被政府及資金市場忽略，業界呼籲，國內化學產業的技術深厚，正朝高值化發展，政府應把對電子產業過度傾斜的優惠及關心，適度移轉到傳統產業，讓化學產業有安定的營運環境。

化學產業界曾提出說帖分析，化學產業多年來受困於工安、環保汙名化，即使營收獲利表現亮麗，還是不被社會忽視，資金市場也嚴重缺乏化學產業分析師，引領化工股有合理的股價表現，這些都不利於化學產業的發展。

實際上，化學產業是獲利穩定，不但不是夕陽工業，而是新興科技產業上游關鍵化學原材料的來源，創造龐大就業市場的重要產業，慶祥光波董事長古紹士就直言，政府對科技產業提出優惠措施，認為就可以提振台灣產業。現在應到了該覺醒的時候，要對包括化學產業在內的傳統產業多協助、多輔導、多關心。化工業者認為，目前台灣化工產業積極推動升級轉型，努力發展「高值化」，包括與國際接軌、技術引進、高級人才生力軍培育、重視智財權、研發聯盟與法規、上中下游整合聯盟、政府產業政策與租稅協助等工作，也應去除保守心態，主動對外說明。

為了我國化學產業的未來發展，產、官、學、研皆積極整合政府與民間資源，希望重塑「高附加價值化學產業」的產業新形象，勾勒化工產業的美麗願景，以吸引更多高級專業人才與資金的投入，努力推動化工產業再度扮演產業火車頭的重要角色。

政府民間合作，勾勒化工產業高值化願景

自從半導體、顯示器等兩兆雙星產業當家以來，化學產業已經很久沒有受到投資大眾的「關愛眼神」，由於絕大多數的產業分析師，加上一般民眾將化學產業與污染及夕陽工業劃上等號的錯誤刻板印象，十餘年來已造成化學產業發展的瓶頸，包括高級人才與資金召募不易，擴廠投資不受地方民眾歡迎等不利影響。

　　經濟部工業局、台灣化學科技產業協進會，及熱心催生高值化學的業者，最近積極整合政府與民間資源，重塑「高附加價值化學產業」的產業新形象，勾勒化工產業的美麗願景，以吸引更多高級專業人才與資金的投入，推動化工產業再度扮演產業火車頭的重要角色。

　　灣化學產業要升級轉型，發展「高值化」的化學工業，除了形象問題之外，還有國際接軌、技術引進、吸引高級人才生力軍投入、重視智財權、研發聯盟與法規、上中下游整合聯盟、政府產業政策與租稅協助等許多挑戰要克服。另外，透過表現出色轉型成功，或是深具發展潛力的高值化學跨國企業的成功經驗分享，讓國內化學業者與投資大眾了解「有創意、有競爭力、獲利高的高值化學產業，比一般所謂高科技、高風險的電子產業更值得投資，更有企業願景」。

推動化學產業高值化兩大策略

　　研發聯盟及國際合作，是目前政府推動化學產業高值化的兩大策略，對內利用研發聯盟機制，結合上中下游企業的力量，加速產業交流與產品研發；至於國際合作的推動，則可連結國外企業的資源與經驗，促使我國化學產業快速獲得技術與市場連結。

　　經濟部工業局為推動化學產業高值化，委託工研院化工所執行的新化學計畫，今年積極整合產官學研推動「研發聯盟與國際合作」，並努力整合上中下游產業資源，希望逐步建立高科技產業關鍵化學原材料自主性供應鏈。目的除扶植台灣化學材料產業紮根，同時強化兩兆雙星等科技產業的國際競爭優勢。

　　工研院化工所表示，研發聯盟機制的建立，可以打破過去單一產業聯盟或公會的體制，垂直或整合產業資源，是很好的措施。過去我

國化學公司在投入電子材料時，常面臨資訊不足、產品規格不清、生產的產品缺失不清楚等困境；如今即可透過研發聯盟機制的建立，有效改善。

至於國際合作機制方面，目前國際合作推動的對象以歐盟企業為主，歐盟化學工業在國際上屬於先進國家，且目前正面對 REACH 議題壓力，加上內部經濟成長緩慢，是我國尋求國際合作非常好的對象與時機。值得注意的是，目前中國大陸也注意到 REACH 對歐盟企業可能造成的影響，也提出自歐盟尋求合作的看法。

此外，在篩選對象上也必須考量雙方的企業定位，讓雙方更有合作的意願；例如今年英國便積極來台尋求合作，英國在 OLED 等光電領域的研發成果豐碩，加上劍橋大學等研究環境，在先進技術上已有具體成果。因此，如果能以英國的研發與小量試產成果，加上台灣量產與應用的實力，國際合作成功的機會相當大。

另外，兩兆雙星科技產業「建立關鍵化學原材料自主性供應鏈」的機會與挑戰，發展兩兆科技產業，建立關鍵材料與設備自主性供應鏈，是迫切要做的事，不做也不行，否則兩兆產業發展的再好，也只能幫別的國家賺更多的錢，國內廠商卻因無法取得穩定、質優的原料，無法降低成本，獲利率無法提高。

目前我國的做法，主要分鼓勵自行研發和獎勵外商合作投資兩部分。擁有市場通路的外商來台投資可以立即打入市場，參與合作的廠商也可快速進入市場，但是其中有多少技術能量轉移到國內則是見仁見智，往往常常是原料進去成品出來，中間甚麼也看不到，遑論技術提升。因此，國內業者還是應著重自行研發，必須結合上中下游研發聯盟才會順利，同時國內的測試機制也必須建立，否則材料廠商還必

須自行設立檢測機制，甚至模仿下游業者製程建立小型生產測試線，對廠商的財力負擔將會相當重。建議政府必須營造一個資訊充裕的環境，讓業者可快速取得所需的資訊，並提供相關的獎勵措施，以降低業者的風險，業者才會有興趣投入。此外，目前關鍵材料的建立，僅止於關鍵零組件所需材料，如光學級塑膠等，並沒有自源頭化學原料著手進行，加上國內相關研發相當多，均需整體全面配套進行。

結論

　　筆者認為，在全球化經濟體的地圖上，最突出的產業元素應該是「創新的經營理念與研發技術的能力」，而積極推動產業升級與傳統產業高附加價值化，乃是台灣經濟發展的光明大道。唯有如此，台灣的傳統產業才能擺脫全球產業分工體系「零件、原料及機器的製造者及商品運輸者」中的角色，蛻變成為此一分工的主導者，誠如歐美日國際品牌大廠，其掌握了研發及品牌的高價值利益。屆時，台灣產業必能在全球化的態勢中建立永續發展的基礎，那麼過渡依賴單一市場的情況亦不會存在了。

台灣智慧型紡織品發展近貌

前言

　　台灣紡織工業在歷經 40 多年的發展後，人纖、紡紗、織布、染整至成衣服飾等，儼然已成一完整上、中、下游生產體系。惟近年來由於中國大陸經濟起飛一舉成為世界加工廠，致使全球紡織產業結構

巨變。台灣紡織產業也不例外，工廠外移的景況至今未歇，使得紡織

業者不得不由傳統的營
運模式蛻變，成為著重
品質、差異化與知識累
積的新型態產業。

　　紡織業者咸認自身
資源及技術有限，已逐
漸採取策略聯盟方式與
外部企業合作，冀期能
取得所需資源，保持優

勢，以強化競爭力，此時發展「智慧型紡織品」成為一個良佳的選擇。

　　2005 年 11 月，紡織產業綜合研究所與台灣產業用紡織品協會共
同舉辦一場題為「新世紀智慧型紡織品成果發表會」，該發表會以「創
新、科技與未來」為主要訴求，希望所描繪的智慧型紡織系列產品能
順利導入市場，並讓消費者使用時能感受到其神奇功能。

　　智慧型紡織品主要的產品類別包括：壓電織物、型態記憶合金織
物、型態記憶高分子織物、蓄熱調溫織物、變色織物、導電纖維、電
子化服飾等；其應用跨及健康管理、運動休閒、舒壓按摩、生理監視、
電熱、及通訊等領域。

　　整體而言，在面對國內外市場的激烈競爭下，紡織業者逐漸開始
重視與其經營相關的上、下游廠商，甚至異業廠商之間建立夥伴關
係，同時擅用本身的能力，以取得利基點對外尋求支援或合組聯盟，
以開創雙贏局面。

　　本文旨在探討台灣智慧型紡織品的發展近貌，有關智慧型紡織品的定義、發展起源、優勢、相關產品的發展概況及未來展望等等，陳述如以下各點：

一、產品定義

　　智慧型紡織品及互動式紡織品（Smart Fabrics and Intelligent Textiles, SFIT）係指對外在環境或電流刺激能夠產生反應的紡織品。智慧型紡織品與其他紡織品大不相同，因其具有特殊之交互作用原理，包含有電流、光、熱能、分子、特殊物質之傳導、移轉或分佈。上述這些交互作用能夠伴隨顏色、穿透性、滲透性、大小及形狀而來，發生在物質內部或薄膜之間。

二、產品的發展起源

　　隨著智慧型紡織品的發展及技術創新的可能性，市場的潛力已受到業界高度的關注。在我國紡織業步入轉型之際，未來智慧型紡織品市場的出現將會對我國紡織業的發展有著決定性的影響。近年來在強調節約能源及環保的主流意識下，紡織業的走向亦漸漸跟隨著高科技產業的腳步，以製造出更舒適、方便及人性化的新產品為目標，並強調使用上的安全性。

　　另外，在少子化的趨勢下，父母親對子女的關愛程度更是直接反映在品質的要求上，在此種新的社會潮流下，智慧型紡織品日漸成為紡織品市場的寵兒。智慧型紡織品主要的產品應用跨及健康管理、運動休閒、舒壓按摩、生理監視、電熱、及通訊等領域。

三、產品的優勢

近年來由於大陸經濟起飛，夾以廉價工資及低價傾銷優勢，一舉成為世界加工廠，致使全球紡織產業結構巨變，台灣紡織產業及市場也受到高度之影響。根據相關分析指出，台灣約有 97%的企業不是開始外移，便是在海外製造生產再進口回台灣銷售，由此觀之，持續發展傳統型態的紡織業被企業視為已無前景可言。

加以在中國大陸、南韓及其他發展中國家的成本優勢競爭壓力下，台灣紡織企業營運仍然相當困難，「差異化」便成了我國紡織業能否繼續保持相對優勢的關鍵所在。由於電子化服飾是高附加價值的新產品，在結合了我國資訊電子業的堅實基礎後，將是極具生產利基的新興紡織品。

四、產品的發展概況

（一）智慧型紡織品在電子資訊服飾的發展

所謂「電子化服飾」，即是加上電子元件的紡織品。若是以服飾的狀態呈現，即稱為電子資訊服飾。

近年來由於電子資訊快速發展，手機、數位相機、掌上型電腦等等個人化電子用品儼然成為人人必備的商品。電子資訊化的潮流更席捲了各行各業，也為紡織產業注入了全新的概念－電子化服飾。

在電子資訊服飾應用方面，基於電子資訊整合服飾的市場需求，紡織綜合所智慧型紡織品研發團隊開發出一系列休閒娛樂型的電子化紡織品，並且應用於各種電子資訊服飾的產品上，例如：MP3 外套、聲控閃光帽子、光纖服飾以及震動按摩腕帶等。

　　紡織綜合所智慧型紡織品研發團隊秉持著創新纖維科技、流行服飾美學以及優質生活的概念，強化異業結盟的策略化經營，朝向電子資訊與紡織品交融的目標發展，台灣智慧型紡織品在電子資訊服飾的發展為紡織產業開創嶄新的里程碑，期能達到「創新紡織、美夢成真」的遠景。

（二）智慧型紡織品在健康管理領域的發展

　　健康管理係為現今國內外智慧型紡織品研發的重要趨勢之一，其特色在於以服飾或紡織品為生理監視的平台，提供一種可以融入生活的健康管理裝置，透過有線或無線的方式，將身體健康的狀態顯示在相關電子產品上，亦可透過遠端的通訊將身體的資訊傳送至健康中心進行專業的照護，以便提供緊急救護的全方位照護環境。

　　智慧型紡織品在健康管理的應用領域中，紡織綜合所智慧型紡織品研發團隊開發出一系列織物感測器，包括心跳感測織物、體能監視服飾、心電感測傳輸帶、體脂肪偵測織物以及呼吸感應織物等，並結合電子資訊系統應用於各種健康管理的情境上，相關應用產品有（1）、心跳感測多媒體系統；（2）、心電感測方向盤；（3）、體能偵測運動服飾系統；（4）、數位家庭照護應用情境；（5）、嬰兒照護應用情境；（6）、遠端醫療照護系統。

　　期待綜合所智慧型紡織品研發團隊，能持續開發各種可以融入生活的健康管理裝備，進而達到健康生活與紡織品交融的目標，讓台灣紡織品的應用及發展有更美好的未來。

（三）智慧型紡織品在運動休閒領域的發展

根據相關資料揭露，智慧型紡織品在運動休閒領域之應用，主要係以呼應民眾運動或休閒時所衍生的關連需求為開發重點，並以使用者的角度發揮紡織品特有功能。

在應用方面，基於國內外運動休閒育樂市場的蓬勃發展，紡織綜合所在智慧型紡織品的研發也有相當的成果，開發出一系列織物感測器，包括感覺統合音樂地毯、MP3 音樂外套、打靶遊戲壁布及太陽能音樂外套等，並結合電子資訊系統應用於各種不同的情境上。

台灣運動休閒紡織產業已有相當基礎，無論從纖維、紗線、織物、整理加工到成衣都共同形成整體機能性與快速反應機制，智慧型紡織品的發展更需要利用紡織工業基礎條件，結合異業與工業設計，兼顧美學與紡織品機能，透過文化與技術結合異業資源，深根發展，展現生機。

（四）舒壓按摩紡織品的發展

舒適的生活是每一個人追求的目標，而壓力是百病之源，與人的身心健康息息相關，如何減少壓力舒緩壓力將是現代人生活上的一大課題，舒壓按摩紡織品的發展，就是在這種情境中孕育出來。

按摩的功能除了讓人情緒放鬆得到心理上的滿足、肌肉鬆弛、消除疲勞外，並促使新陳代謝加速、疏通經絡、緩解酸痛，因此舒壓按摩已成為日常生活的一部份。舒壓按摩方式繁多，大致分為：（1）、自然力按摩（按摩師按摩）；（2）、電力按摩（1.電動按摩、2.震動按摩器、3.壓力方式按摩、4.電刺激按摩器）；（3）、水力按摩；（4）、舒壓按摩紡織品；（5）、電刺激按摩紡織品等等。

　　在舒壓按摩紡織品應用方面，基於產品小型化、易於攜帶及個人化的新趨勢，紡織綜合所智慧型紡織品團隊開發了兩系列舒壓按摩紡織品：「震動按摩系列產品」及「電刺激系列產品」。

　　織物電極片開發以紡織品結合電子組件之微小化技術，使產品輕巧更具有方便性，可攜帶外出，不受時空限制，將舒壓按摩用品帶入更新的使用層面，未來發展極具潛力。隨著人們生活日益緊張、精神壓力大及人口老化的趨勢，具有酸痛的人口數量越來越多，若能即時舒緩精神壓力及透過適當按摩的保健措施，可以遠離酸痛，使生活更舒適。

（五）電熱紡織品的發展

　　不管材質如何改變，人們對於保暖衣物更輕薄且防寒的訴求一直沒消失過；由於全球暖化現象，每年冬天的氣溫持續降低，一般性的保溫服飾已不足以應付。冬天酷寒地區，厚重衣著造成身體行動上之不便也成了最大的詬病，因此人們對於輕薄防寒織物有了股切的需求，電熱保溫紡織服飾因此孕育而生。

　　在技術方面，紡織綜合所從最上端的紗線開始開發電熱保暖紡織品，並在輕巧柔軟的使用原則下，將一般保溫紗線加入電導材料，再透過織物結構與材料特性設計通入電能後，適當的電阻設計將織物體的導電性轉變為電熱功能，並散發出熱量。

　　電熱紡織品的能源來源受限於人是活動個體，只能使用攜帶型的電源，因此電池是最好的選擇。但目前在電池效率的發展上，還需要開發體積小、高功率的電池，為了在現有電池規格上提升使用時效，

紡織綜合所針對降低電池電流之輸出機制，開發出能達到長時間保溫發熱效能的電熱性紡織品。

基於上述發展技術，可衍生出多樣電熱織物產品。由於紡織材料輕盈並可彎折，大幅降低了攜帶體積，因此電熱紡織品不限於穿著衣物，包括電熱毯、電熱板、電熱手套、電熱鞋、電熱布簾等產品也都是。由於電熱產品之需求溫度範圍廣，在受限於紡織材料的低熔點下，電熱紡織品在應用上也有限；隨著高熔點、高強度的高分子材料被開發出來，紡織材料的耐熱溫度得以有效提高，致使電熱紡織品的應用更加寬廣。

（六）生理監視紡織品的發展

隨著老年人口的增加以及嬰兒人口的遞減，未來的醫療負擔將不斷成長，其中醫療負擔中，檢測的費用佔了最大的比例。生理監視服飾亦是目前國際上在隨身行裝置研發的重要趨勢之一，特色在於以服飾為生理監視平台，以開發兼具舒適且融入生活藝術的生理監視裝置。

生理監視紡織品在發展與應用方面，紡織綜合所一直致力於發展生理監視紡織品，並且以「生醫保健以及防範未然」為訴求。有關生理監視紡織品的研究包含心跳、心電圖、呼吸、體溫等即時資訊，且直接透過微型顯示器或無線遠端照護系統，冀期讓使用者隨時掌握自己與家人的健康資訊。紡織綜合所智慧型紡織品研發團隊使用導電紗線與織物結構設計，開發多款的織物感測器，包含人體體表電位偵測用之織物電極、應變感應性織物、織物天線以及感溫織物等，目前已經應用於多款生理監視紡織品上，個別產品有體能監視服飾、多功能生理監視軍服、運動生理監視服飾等。

　　未來的社會結構朝向老人化社會，政府將面臨嚴重的獨居老人間題，藉由生理監視紡織品與遠端照顧系統的架構，將獨居老人的溫度、心跳、心電及呼吸功能即時的傳送到遠端的醫療伺服器，透過專業醫療中心的醫師做診斷，可以減少獨居老人心臟疾病及高血壓的發生，降低社會救助成本。

（七）通訊紡織品的發展

　　通訊紡織品主要是使紡織品具有無線通訊的功能，其目的是將儲存在通訊晶片的資訊或與通訊晶片連接的外部元件資訊，經由無線射頻的通訊方式，將資料傳輸至具有相同頻率的無線射頻通訊裝置或接收來自其發射的資料。

　　在通訊紡織品的開發方面，政府以擴大公共建設 5 年 5 千億的施政規劃，加速落實國家通訊網路基礎建設，以帶動產業再一波升級發展的目標。由經濟部規化「行動台灣計畫」（M-Taiwan），以行動服務、行動生活、行動學習 3 項無線寬頻應用導入無線寬頻網路建設，為台灣構建一個完善的寬頻網路環境。

　　紡織綜合所在通訊紡織品及其應用系統研發上除精品服飾外，也可落實在紡織產業製程管控及倉儲管理，將來量產後可延伸至洗滌業、袋包業等。藉由通訊紡織品的開發與智慧型紡織品的整合，可創新各種應用及服務模式。在 M-Taiwan 的架構下，期能帶動產業升級、提升國民的生活品質。

五、產品的未來展望

　　智慧型紡織品是紡織業和電子業異業合作的產物。就市場發展而言，未來的智慧型紡織品市場必然奠基於產業群聚之基礎上。透過建立產業群聚以維持區域發展優勢的做法，已蔚為當今世界之主流。

　　由於智慧型紡織品在國內市場規模仍不大，在國外，除了醫療及軍事用途的電子化服飾外，絕大多數的智慧型紡織品都將商機鎖定在奢侈品的小眾市場，因此，電子服飾品的市場開發隱藏著相當程度的市場風險；而晚近發展的壓電織物，更由於仍處在實驗階段，距離上市仍需一段時間，若廠商有意願從事壓電織物的研發，其財力背景勢必相當雄厚。

　　由於產業群聚的核心通常是研究型的大學，或擁有高科技水平及優秀人力資源的廠商，在正式開始投入之前，除了需事先評估紡織業者的資本及意願，更要知道在技術的銜接上，而在我國紡織業面臨轉型之際，若能成功地透過異業結合的模式，將電子業與紡織業整合，則在研究單位與廠商資源共享的前提下，透過策略聯盟或廠商合作的方式，建立起一個完整的上、中、下游生產體系，研發成本自然能夠大幅降低，市場利潤於是相對提高。

　　智慧型紡織品的來源為新素材的運用或是添加其他的電子裝備，然而這些新的領域不少是廠商所未曾觸碰過的全新嘗試，再加上國際市場快速的變遷，在時間與資源雙重限制與壓力下，結合不同技術的專業廠商形成策略聯盟，成為發揮槓桿作用，續保競爭優勢的方法之一。

　　在這種快速變動趨勢下，要能持續保有競爭優勢時，勢必投入大量的研發。不過研發工作需大量經費、人力及時間的投入，台灣紡織

產業結構 90%為中小企業，並沒有足夠資源獨立完成這種快速的變動，因此宜以策略聯盟方式結合上、中、下游，依企業專長能力共同合作開發新產品，來降低研發風險並縮短研發時程。

結語

目前國內主要集中在電傳導與熱傳導性智慧型紡織品的發展，係因市場需求直接並且市場能見度高，因此相對投入企業也多。在智慧型紡織品未來發展的過程中，左右廠商投資意願的重要因素仍以市場需求為主。智慧型紡織品的發展對產業的影響深入且長遠。

在大陸、南韓及其他發展中國家的成本優勢激烈競爭壓力下，台灣紡織企業營運相當困難。差異化便成了我國紡織業能否繼續保持相對優勢的關鍵所在。冀期未來幾年我國紡織業者能成功地在智慧型紡織品領域找到新的機會，在結合了我國資訊電子業的堅實基礎後，將是極具生產利基的新興紡織品。

未來發展智慧型紡織品要擺脫傳統紡織業的窠臼，政府除了給予廠商合理的補助之外，政策上勢必也要朝這方面努力，俾在有效的資源分配及政策安排下，建立起一個能夠同時結合上、中、下游生產單位的網絡，將我國紡織業帶入一個新的紀元，相信這將是紡織業根留台灣、技術生根的嶄新里程碑。

台灣聚乙烯（PE）市場的轉變

PE 係為五大泛用塑料之一，其性能獨特而優異，對農業、工業及人們生活提供了極大的貢獻。PE 生產技術及市場都已經十分成

熟，台灣產製 PE 已有數十年，惟市場隨著整體石化產業的變遷，也出現顯著的更易。

我國環境保護署從 2002 年 7 月實施的限塑政策至今，對台灣的 PE 業者造成顯著的衝擊，近幾年來的 PE 國內需求量明顯下降，輸出量則逐年攀升。

2006 年台灣高度聚乙烯的輸出量占生產量比值達到 48.69%，顯示出口比重與國內消耗量幾近各占一半；輸入量占需求量比值約 23%，顯示國內的總需求量約有三成係為進口。

PE 產品係為我國塑膠原料市場的重大指標，本文旨在進行台灣聚乙烯（PE）產銷分析，內容包含有產品概述、生產廠家產銷分析、產品供需平衡分析、最後為結論及建議。

產品概述

聚乙烯依其生產條件和方式之不同，共區分為三大類：

1、低密度聚乙烯乙烯（LDPE），比重範圍為 0.915~0.925，又稱之為高壓聚乙烯。

2、線型低密度聚乙烯（LLDPE）比重範圍與 LDPE 相同，惟支鏈較少，強度較高。

3、高密度聚乙烯（HDPE）烯比重範圍為 0.945 至 0.965，一般稱為低壓聚乙烯。

上述三大類聚乙烯，亦可依加工方法和用途之不同，再分為射出成型（injection molding），吹塑（blow molding），吹膜（film），單絲（monofilament），管材（pipe），電線電纜絕緣（wire and cable）和旋轉成型（rotation molding）等型別。比重的差異係代表分子結構和結

晶度之不同，反映出性質上和用途上亦有所不同。在用途上，LLDPE
和 LDPE 極近似。PE 類的最大用途是吹膜。由於環保要求單次用途。
中國大陸 PE 用於農業用膜的比例極大（有關 PE 的性質分析請詳見
表 3-3-4）。

表 3-3-4　PE 的性質分析

性質	PE 的型別		
	LDPE	LLDPE	HDPE
密度 g/cm3	0.915-0.930	0.910-0.925	0.940-0.965
拉伸強度 MKP	7-17	14-21	20-45
斷裂伸長率%	100-700	200-1200	100-1000
楊氏係數 MKP	110-250	100-300	400-1200
衝擊強度 J/M	1-21	不斷裂	20-160
熱變型溫度＠0.46MKP，oC	35-50	50-70	60-80
介電強度 kv/mm	18-28	20-28	28

台灣的生產廠家及產能

　　台灣的主要生產廠家有台聚、亞聚及台塑等三家公司，生產廠家
產能及擴增計畫詳如表 3-3-5。

　　具有塑化景氣指標的聚乙烯（PE）近期以來價格揚升，台聚、亞
聚及台塑等生產廠商獲利將進一步推升。PE 業者表示，南韓大舉展開
輕裂廠擴產，南韓樂喜金星（LG）位於大川的輕裂廠，已開始進行擴
產，4 月將完工投產後，乙烯年產能將由 30 萬公噸增加至 78 萬公噸。
而三星道達爾位於大川的輕裂廠也將擴產，乙烯年產能將由 20 萬公噸
提升到 80 萬公噸，未來乙烯行情將更趨合理，PE 毛利亦將增加。

表 3-3-5   2006 年台灣聚乙烯烯（PE）生產廠家產能及擴增計畫

單位：千公噸

產品	生產廠家	現有年產量（2006.4）	擴建計畫後	
			總產能	完成日期
低密度聚乙烯／乙烯－醋酸乙烯共聚合物 LDPE/EVA	台聚 USI	120		
	台塑 FPC	240		
	亞聚 APC	100		
高密度聚乙烯 HDPE	台塑 FPC	530	566	2007
線型低密度聚乙烯／高密度聚乙烯 LLDPE/HDPE	台聚 USI	160		
	台塑 FPC	264		

資料來源：中華民國的石油化學工業年鑑 2006 年版

　　台灣 PE 生產廠商認為，今年 2 月下旬以後，換算台灣中油公司所供應的合約乙烯與進口乙烯平均價格計算乙烯行情差距達每公噸約 200 美元，使 PE 產品能保有合理利潤。據本年 3 月初的報導指出，高密度聚乙烯（HDPE）外銷報價每公噸約在 1,300 美元，台灣 HDPE 生產廠商每售出 1 公噸 HDPE 的毛利可達約 200 美元。另外，低密度聚乙烯（LDPE）、線型低密度聚乙烯（LLDPE）兩項產品，每公噸毛利亦有 100 美元以上。

台灣的 PE 產銷分析

　　在低密度聚乙烯（LLD/LD/EVA）方面：

　　2006 年台灣的低密度聚乙烯生產量達到 597,014 公噸，較 2005 年的 642611 公噸衰退 7.10%，近 10 年來的生產量變化曲線如圖 3-3-4。

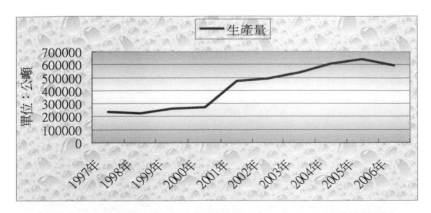

圖 3-3-4　1997-2006 年台灣低密度聚乙烯生產量曲線圖

　　由圖 3-3-4 曲線變化觀之，近 10 年來台灣的低密度聚乙烯生產量呈現逐年上升的趨勢，顯見市場需求暢旺。1997-2000 年區間，年生產量約維持於 23-27 萬公噸區間，2001 年後生產量大幅度邊增至 47 萬多公噸，2005 年更達到 64 萬多公噸的高峰，2006 年生產量微幅下降 7.10%。

　　在 2006 年台灣的低密度聚乙烯輸入量方面達到 186865 公噸，較 2005 年的 171287 公噸成長 7.74%，近 10 年來的輸入量變化曲線如圖 3-3-5。

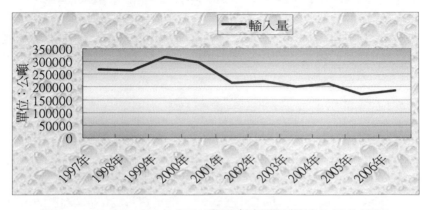

圖 3-3-5　1997-2006 年台灣低密度聚乙烯輸入量曲線圖

　　由圖 2 曲線變化觀之，近 10 年來台灣的低密度聚乙烯輸入量區間約維持在 20 萬公噸上下，1999-2000 年的輸入量約維持於 30 萬公噸高峰，嗣後逐年小幅下滑，2005-06 年全年輸入量僅 18 萬公噸上下，顯見國內生產量供應充沛，輸入需求減緩。

　　在 2006 年台灣的低密度聚乙烯輸出量方面達到 423880 公噸，較 2005 年的 473915 公噸衰退 10.56%，近 10 年來的輸出量變化曲線如圖 3-3-6。

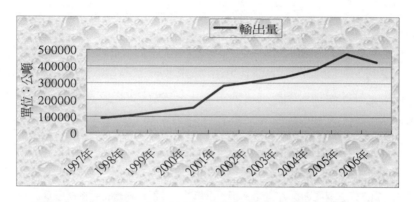

圖 3-3-6　1997-2006 年台灣低密度聚乙烯輸出量曲線圖

　　由圖 3-3-6 曲線變化觀之，近 10 年來台灣的低密度聚乙烯輸出量呈現節節高升的趨勢。1997 年輸出量僅近 9 萬公噸，嗣後逐年上升，2001 年已突破 28 萬公噸，2002-04 年輸出量維持於 31-38 萬公噸左右，2005 年後年輸出量已高達 40 多萬公噸，顯示出口極度暢旺。其中一大因素乃中國市場需求殷切之故。以 2005 年為例，我國輸出至中國地區之 LDPE 之總量達到 337,380 公噸，佔總出口比值的 71.2%。

　　在 2006 年台灣的低密度聚乙烯消費量方面達到 359999 公噸，較 2005 年的 359983 公噸略成長 0.004%，近 10 年來的消費量變化曲線如圖 3-3-7。

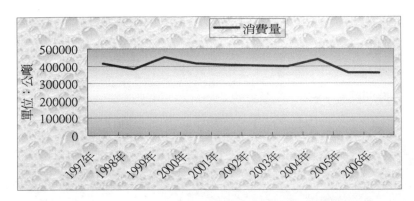

圖 3-3-7　1997-2006 年台灣低密度聚乙烯消費量曲線圖

　　由圖 3-3-7 曲線變化觀之，近 10 年來台灣的低密度聚乙烯消費量區間約維持在 30-40 萬公噸上下，並無劇烈震盪的變化，顯見國內需求量並無明顯消長，主要因為許多下游廠家無意擴增產能或外移之故，因此，2005-06 年全年消費量僅維持於進 36 萬公噸左右。

　　在高密度聚乙烯（HDPE）方面：

　　在 2006 年台灣高密度聚乙烯的生產量達到 521012 公噸，較 2005 年的 514545 公噸成長 1.26%，近 10 年來的生產量變化曲線如圖 3-3-8。

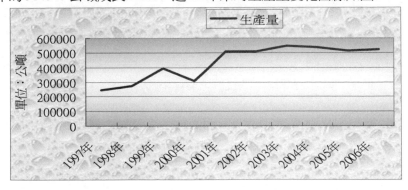

圖 3-3-8　1997-2006 年台灣高密度聚乙烯生產量曲線圖

　　由圖 3-3-8 曲線變化觀之，近 10 年來台灣的高密度聚乙烯生產量呈現逐年上升的趨勢，顯見市場需求暢旺。2001 年以後，年生產量區間皆維持於 50 萬公噸以上的高峰，顯見市場需求穩定且殷切，近 10 年的生產量高峰是 2003 年的 546779 公噸。

　　在 2006 年台灣高密度聚乙烯輸入量方面達到 79809 公噸，較 2005 年的 87602 公噸衰退 8.09%，近 10 年來的輸入量變化曲線如圖 3-3-9。

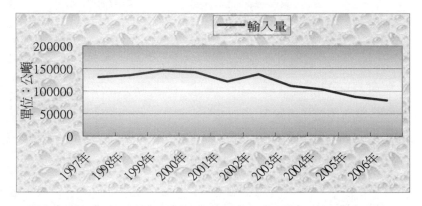

圖 3-3-9　1997-2006 年台灣高密度聚乙烯輸入量曲線圖

　　由圖 3-3-9 曲線變化觀之，近 10 年來台灣的高密度聚乙烯輸入量有逐年下滑的趨勢，年輸入量由 1997 年的 13 多萬噸逐年減少，2006 年已降至年輸入量不到 8 萬公噸。由於近年來國內高密度聚乙烯生產量皆維持於 50 萬公噸以上的高峰，因此輸入量逐年減少是自然的狀況，顯示國內生產量充沛，輸入需求減緩。

　　在 2006 年台灣高密度聚乙烯輸出量方面達到 253694 公噸，較 2005 年的 271336 公噸衰退 6.5%，近 10 年來的輸出量變化曲線如圖 3-3-10。

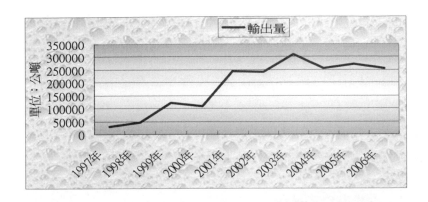

圖 3-3-10 1997-2006 年台灣高密度聚乙烯輸出量曲線圖

由圖 3-3-10 曲線變化觀之，近 10 年來台灣的高密度聚乙烯輸出量呈現高度成長的趨勢，出口極度暢旺，其中與中國市場高度需求有相當之關連性，以 2005 年為例，我國輸出至中國地區之 HDPL 之總量達到 207,846 公噸，佔總出口比值的 76.6%。1997 年輸出量僅近約 3 萬公噸，嗣後逐年上升，2001 年已突破 24 萬公噸，2003 年輸出量已高達 30 多萬公噸，顯示出口極度暢旺。

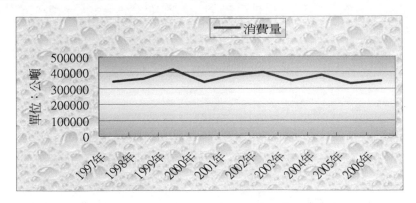

圖 3-3-11 1997-2006 年台灣高密度聚乙烯消費量曲線圖

在 2006 年台灣高密度聚乙烯消費量方面達到 347118 公噸，較 2005
年的 330811 公噸略成長 4.9%，近 10 年來的消費量變化曲線如圖 3-3-11。

由圖 3-3-11 曲線變化觀之，近 10 年來台灣的高密度聚乙烯消費
量區間約維持在 30-40 萬公噸上下，並無劇烈震盪的變化，顯見國內
需求量並無明顯消長，主要因為許多下游廠家無意擴增產能或外移之
故，因此，2005-06 年全年消費量僅維持於進 33-34 萬公噸左右。

台灣的 PE 供需平衡分析

低密度聚乙烯（LLD/LD/EVA）供需平衡分析

以 2006 年為例，台灣低密度聚乙烯的生產量為 597,014 公噸，
輸出量為 423,880 公噸，輸出量占生產量比值達到 71%，顯示出口比
重甚高，國內需求量僅占總生產量不到 30%。

另外，2006 年台灣低密度聚乙烯的需求量為 359,999 公噸，輸入
量為 186,865 公噸，輸入量占需求量比值約 52%，顯示國內的總需求
量約有一半係為進口（有關 2006 年台灣的低密度聚乙烯供需平衡分
析請詳見表 3-3-6）。

表 3-3-6　2006 年台灣的低密度聚乙烯供需平衡分析

單位：公噸，%

生產量	需求量	輸入量	輸出量
597,014	359,999	186,865	423,880
（輸入量占需求量）% （Import/Demand）%		（輸出量占生產量）% （Export/Production）%	
51.9		71	

低密度聚乙烯（LLD/LD/EVA）自給率變動分析

1997 年台灣低密度聚乙烯的自給率約為 57%，嗣後逐年上升，2001 年時已突破 100%達到 117%，近 10 年來的自給率高峰為 2005 年的 178%。

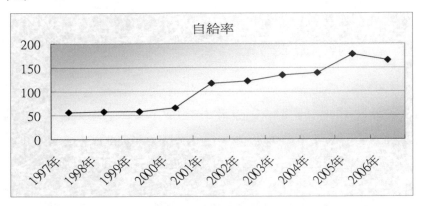

圖 3-3-12　1997-2006 年台灣低密度聚乙烯自給率曲線圖

高密度聚乙烯（HDPE）供需平衡分析

以 2006 年為例，台灣高度聚乙烯的生產量為 521,012 公噸，輸出量為 253,694 公噸，輸出量占生產量比值達到 48.69%，顯示出口比重與國內消耗量幾近各占一半。

另外，2006 年台灣高密度聚乙烯的需求量為 347,127 公噸，輸入量為 79,809 公噸，輸入量占需求量比值約 23%，顯示國內的總需求量約有三成係為進口（有關 2006 年台灣的高密度聚乙烯供需平衡分析請詳見表 3-3-7）。

表 3-3-7 2006 年台灣的高密度聚乙烯供需平衡分析

單位：公噸，%

生產量	需求量	輸入量	輸出量
521,012	347,127	79,809	253,694
（輸入量占需求量）% （Import/Demand）%		（輸出量占生產量）% （Export/Production）%	
22.99		48.69	

高密度聚乙烯（HDPE）自給率變動分析

1997 年台灣高密度聚乙烯的自給率為 70%，嗣後逐年上升，2001 年時已突破 100% 達到 132%。以近 5 年來的自給率表現來看，除 2002 年的 125% 及 2004 年 140% 以外，自給率維持在 150 以上。

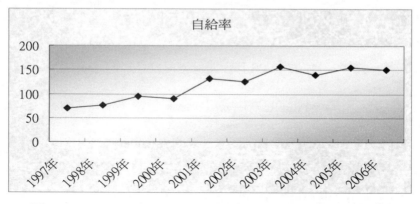

圖 3-3-13 1997-2006 年台灣高密度聚乙烯自給率曲線圖

結論與建議

　　PE 是五大泛用塑料產品之一，其性能獨特而優異，對工業及人們生活上之應用提供了極大的貢獻。像 LDPE 供製膠模、膠板等材料，在中國農業大量需求下，近年來市場需求殷切；HDPE 供製容器、管件及家庭用具等，亦為現代文明不可或缺之重要產品。PE 生產技術及市場都已經十分成熟。台灣產製 PE 已有數十年，惟市場隨著整體石化產業的變遷，也出現顯著的更易。

　　在市場供需分析方面，由於台灣係屬島國經濟，石化產品除供應國內需求外亦兼顧外銷，提供國外市場及赴外投資廠家之原料需求。近年來台灣的 PE 生產量大幅成長，並且輸出量屢創新高，此乃拜賜於全球景氣持續上升及中國市場的殷切需求，台灣 PE 輸出至中國地區的輸出量近年來已突破七成。

　　2001 年時台灣的密度聚乙烯自給率已突破 100%達到 117%，2005年更高達 178%。而 2006 年台灣低密度聚乙烯的輸出量占生產量比值達到 71%，顯示出口比重甚高，國內需求量僅占總生產量不到 30%。

　　1997 年台灣高密度聚乙烯的自給率為 70%，2001 年時已突破100%達到 132%。以近 2 年來的自給率都維持在 150 以上。而 2006年台灣高度聚乙烯的輸出量占生產量比值達到 48.69%，顯示出口比重與國內消耗量幾近各占一半；輸入量占需求量比值約 23%，顯示國內的總需求量約有三成係為進口。

　　據近期媒體報導，包括國光石化等重大投資案件「卡」在環評程序，儼然成為政府拚經濟的「最大障礙」。據指出行政院長蘇貞昌已經等不及了，令經濟部和環保署能在短期內清除投資障礙，使延宕已

久的國光石化等重大投資案露出曙光。國光石化與台塑鋼廠是國內石化產業升級轉型的重要里程碑，也是國內石化產業產值突破兩兆元的重大助力，而這兩項投資金額合計高達五千三百七十七億元的重大計畫，已成為政府拼經濟的重大指標。

　　展望未來，台灣的 PE 業者在國光石化重大投資案及中油三輕更新計畫的落實下，乙烯產能可望增加挹注之下，PE 的生產量將可逐步推升。但由於中國方面原為台灣 PE 最大進口國，由於中國大型石化計畫之推動乙烯能力將自 2005 年的 800 萬噸增至 2010 年的 2000 萬噸。未來 PE 的自給率亦將逐步提升，雖當今每年 PE 的需求量仍大，但未來亦有翻轉可能；像鋼鐵，已由進口國變為出口國。中國積極擴增石化產能，代表何種意義？其影響又是如何？簡言之，當前世界石化市場供需結構中，產量過剩之絕大部分皆由中國市場所吸收，惟未來中東充沛的石化原料則可能搶佔日、韓、台、東南亞及歐美等出口市場，當中國的自給率逐步提高，表示世界石化品的價格將由高峰滑落。將來中國若轉為 PE 出口國，是否意味著 PE 將進入嚴重過剩的時代？因此筆者建議台灣 PE 廠家在滿足國內需求外，並積極開拓除中國以外的 PE 市場，此對分散營運風險將有所幫助。

海峽兩岸石化會議

　　有學者研究發現，九〇年代以來，台商投資大陸逐漸形成熱潮，主要有兩股力量：一為台灣產業結構變遷、環保意識高漲，投資環境改變所形成之「推力」；另一則為中國大陸投資環境相對優勢，與其對台灣經貿政策運作所形成之「拉力」。

　　海峽兩岸石化工業之正式接觸始於 1990 年。隨著中國大陸經濟快速的成長，大陸市場儼然成為業者兵家必爭之地。以去（2004）年為例，台灣五大泛用塑料（PE、PP、PS、PVC、ABS）的總產量有超過 60%係銷往中國大陸市場。由此觀之，大陸市場對台灣石化業者的重要性可見一斑。

　　兩年一次的台海兩岸石化業者的聚會，已於 2003 年 8 月底在北京圓滿落幕。此次的會議命名為「2005 海峽兩岸石油和化工經貿暨科技合作大會」，係由中國石油和化工協會及中國石油化工集團等 13 個單位共同主辦，大陸其他相關協會亦參與其中，出席者多為兩岸業界相關人士、官員及媒體記者。

　　會議的日程為期 2 天。首日為「全體大會」，主題是開幕式及大會報告，報告場次有 8 場之多；次日行程主要為分組會議，資訊多元且豐富。本文將就此次會議大會手冊內容中有關中國大陸在「石化、精密化工及農藥」等層面的訊息略做精簡摘要，以提供讀者參考，相關內容陳述如下：

壹、石化訊息

一、大陸中石油聚烯烴業務的發展概況

　　聚烯烴係為中國大陸中石油集團在石化工業領域之核心業務之一，近年來發展規模逐漸擴大，主要因為乙烯產能以及煉油加工量的日益擴增之故，致使新建設備在原料供應無虞下順利投產。有關該公司聚乙烯、聚丙烯裝置情況，請詳見表 3-3-8、表 3-3-9。隨著中國大陸市場聚丙烯產能的快速擴大，各生產廠家之間的競爭也日

趨激烈,市場也將隨之不斷細分,因此,發展新產品勢將成為爭奪市場的最有效途徑。

另外,在 ABS 樹脂方面,大陸中石油有 2 套 ABS 樹脂裝置,1套為吉林石化 18.9 萬公噸／年裝置,另 1 套為蘭州石化 5 萬公噸／年裝置。蘭州石化裝置為 2 條線,1 條線產能為 2 萬公噸／年,另 1條線則為產能為 3 萬公噸／年。

表 3-3-8　中國大陸中石油集團聚乙烯裝置情況

單位:萬公噸／年

公司名稱	設備規模	2004 年產量	備註
LDPE			
大慶石化 1#	6	7.19	
大慶石化 2#	20	-	新建、投產中
蘭州石化	1.4	1.51	原 4 線,已報廢 2 條
HDPE			
大慶石化	24	22.57	3 條線
遼陽石化	7	8.60	2 條線
蘭州石化	14	14.21	2 條線
LLDPE/FDPE			
大慶石化	7.8	8.51	原設計 6 萬公噸／年
吉林石化	27.4	28.99	原設計 10 萬公噸／年
撫順石化	8	11.91	
蘭州石化	6	6.10	
獨山子石化	20	21.37	2 條線,原設計 12 萬公噸／年
合計	141.6	131.06	

表 3-3-9　中國大陸中石油集團聚丙烯裝置情況

單位：萬公噸／年

公司名稱及裝置	設備規模	2004 年產量	備註
連續法			
大慶石化	10	9.55	
撫順石化	9	8.73	
遼陽石化	4.35	4.92	
大連石化 2＃	5	6.10	中國大陸自產技術
大連石化 3＃	7	9.78	
蘭州石化	4	5.61	中國大陸自產技術
蘭港石化	11	10.44	合資控股
獨山子石化	14	12.43	2 條線
華北石化	10	7.18	2005 年擴產
前郭石化 2＃ ＊	4	3.31	
大連西太平洋石化＊	10	9.70	合資控股
遼河石化＊	2	2.53	
間歇法			
哈爾濱石化 1＃ ＊	3	1.22	
哈爾濱石化 2＃ ＊	5	2.04	
錦州石化 2＃ ＊	1	0.98	
錦州石化 1＃ ＊	1.5	1.13	
錦西石化＊	3	3.93	
大連石化 1＃	2	1.80	
格爾木煉油廠	2	1.73	
玉門煉油廠	1	0.70	
烏魯木齊石化	4	3.71	合資控股
呼和浩特石化	2	2.22	
慶陽石化＊	1.5	0.84	託管

寧夏煉化＊	3	1.85	託管
合計	119.35	112.37	

備註：＊屬煉油與銷售公司。

二、中國大陸合成橡膠的發展概況

合成橡膠在中國大陸石化工業佔有重要的地位。其生產能力和消費量均居世界前列。據「中國石油天然氣股份有限公司」王桂輪先生在《中國大陸橡膠及未來發展》的報告中指出：「中國大陸合成橡膠年均增長 17.9%；其中，中國大陸產量年增長 14.3%，進口年增長 23.2%；合成橡膠進口量很大，未來發展具有潛力。」

王桂輪進一步分析，依 2000~2004 的數據，預計到 2010 年，天然橡膠之市場需求量將增加到 249 萬公噸，年均遞增 6%；合成橡膠需求量則將擴大至 503 萬公噸，年均遞增達 11%，合計橡膠工業整體需求量將擴大到 753 萬公噸，位居世界第一，年增長率擴增為 9.1%。

表 3-3-10　中國大陸橡膠未來市場預估

單位：萬公噸

橡膠市場	2000 年	2004 年	增長率	2010 年	增長率
天然橡膠需求量	119.2	176.0	9.1%	249.7	6.0%
合成橡膠需求量	168.7	269.2	17.9%	503.6	11%
橡膠市場需求量	287.9	445.2	13.9%	753.2	9.1%

在合成橡膠生產設備與產能的預估，2004~2010 年間，中國大陸將增加 10 套生產設備。中石油將至少增加 7 套，中國石油增 2 套，外資及地方企業則增加 1~2 套。預估至 2010 年，合成橡膠之生產能力將新

增 75~90 萬公噸，總生產能力將達到 230 萬公噸，若加上膠乳合成橡膠，總產量可擴大至 300 萬公噸，屆時仍存在約 200 萬公噸的進口空缺。

三、中國大陸鋰系聚合物的發展概況

隨著中國大陸經濟的持續高度增長，對工業原材料的需求越來越高，尤其是道路建築及汽車業的發展，此為鋰系聚合物的發展開闢廣闊的前景。目前中國大陸丁苯熱塑性彈性體（SBS）主要應用於製鞋業，今後的應用途徑逐漸轉向道路和建築瀝青改良及橡塑共混等領域。不僅銷售量明顯增加，且品種與品牌亦多樣化。

溶聚丁苯橡膠和低順式聚丁二烯主要應用於輪胎行業，隨著環保意識的逐漸提高，輪胎將趨向子午化、扁平化及無內胎化方向發展，此為大陸廠家未來研發新產品及新品牌之研究趨勢。預估在未來的 10~15 年內，中國大陸鋰系聚合物的發展將逐步走向平穩成熟。

表 3-3-11　中國大陸目前鋰系聚合物生產裝置及生產能力

單位：萬公噸

公司		產品	產能	產能合計	投產年份	技術來源
SINOPEC	燕化	SSBR/LCBR	3.0	12.0	1996	燕化技術
		SBS	9.0		1994	
	巴陵	SBS	12.0	14.0	1990	燕化技術
		SEBS	2.0		2005	自有技術
	茂名	SSBR	3.0	5.0	1997	FINA 技術
		SBS	1.0			
		LCBR	1.0			
CNPC	撫順	丁苯樹脂	0.5	0.5	2002	蘭化技術

貳、精密化工訊息

一、綠色高新精密化工

　　除了傳統的精密化工領域外，此次會議並針對「綠色高新精密化工」有部分的討論。何謂綠色高新精密化工？其領域的定義和範圍又為何？根據北京工業大學余遠斌研究報告指出，所謂綠色高新精密化工領域就是將各種高新技術與綠色化學的措施和方法緊密結合，在研究開發精密化學品及技術的源頭上，就充分體現綠色化學化工和清潔生產的思想，即將綠色化學的十二條原則及清潔生產的原則，用於精密化學品的分子設計、合成原料、合成路線、反應條件的選擇以及產品的分離與提純等，實現生產過程的「綠色」化，並獲得「綠色化」的精密化工產品。

　　隨著科學技術的飛速發展，以及化學與其它學科領域的交叉，特別是隨著 1992 年綠色化學概念及學科的誕生，又先後誕生了新領域精密化工和綠色高新精密化工的概念。綠色高新精密化工和專用化學品工業是現代精密化工發展的兩個重要方向。其中，新領域精密化工領域包括飼料添加劑、食品添加劑、表面活性劑、水處理化學品、造紙化學品、皮革化學品、油田化學品、膠粘劑、生物化工、電子化學品、纖維素衍生物、聚丙烯（酉先）胺、丙烯酸及其酯、氣霧劑等。

二、中國大陸精密化工發展的概況

（一）產業特色與現況

　　精密化工是中國大陸化學工業的一個重要組成部分，在其國家和地方支持下，精密化學工業得到了巨幅的成就。特別是大陸改革開放以後，精密化工有前所未有的發展，精密化工率已從 1985 年的 23.1% 提高到目前的 35-39%。共涉及 25 個領域、大約有 3 萬品種，精密化工企業總數已達 11,000 餘家，總產值約為 1,200 億元。

　　傳統精密化工產品中的染料、農藥、塗料等產品在國際上已具有一定的影響。特別是染料總產量為世界第一，並且是世界上第一染料出口國，年出口量占世界貿易的 20%以上，出口量達 10 餘萬噸，創匯近 5 億美元。農藥產品已達 38.2 萬噸，列世界第二位。

　　另外，某些新領域精密化學品在國際市場上具有相當重要的地位，如檸檬酸每年的出口量在 20 萬噸以上，占全球貿易量的 50%，產品行銷世界上 100 多個國家和地區。飼料添加劑、食品添加劑、表面活性劑、膠粘劑、電子化學品、油田化學品等也能較大程度上滿足了中國大陸國民經濟發展的需要。

（二）產業發展的歷程

　　20 世紀 60 年代以來，特別是 80 年代初期，隨著大陸改革開放，該產業從世界發達國家相繼引進了不少生產技術和裝置，如合成氨、尿素、磷銨、復合肥等化肥生產技術和裝置、生產烯烴的裂解技術和裝置、生產各種有機原料、合成橡膠、合成樹脂、合成纖維以及配套的橡膠加工、塑料加工和纖維加工的技術和裝置。與此同時，還配套

　　引進了多條造紙生產線、皮革生產線、無紡布生產線，配合飼料生產線等，也配套了這些生產線所需的助劑。隨著這些技術和裝置的引進，也引進了精密化學品和精密化工的概念。

　　中國大陸從「六五」計畫開始，歷次的國民經濟發展計劃中，都把精密化工當成重點發展產業，為發展的戰略重點之一。在政策和投資上予以傾斜，已安排 100 多個建設和改造項目，總投資已超過 50 億元。中國大陸精密化工率已從 1985 年的 23.1%提高到 1994 年的 29.78%，「九五」計畫末期，已達 40%左右。

　　目前，中國大陸已建成新領域精密化工技術開發中心 10 個，生產企業有 10,000 多家，其中生產親領域精密化工的企業近 3,000 家；產品數量約 30,000 種，其中新領域精密化工的產品品種數約 1,120 個；年總產值約 1,300 多億元，占化學工業總產值的 40%。另外值得一提的是，中國大陸染料的年產量和出口量均世界第一，產量占全球染料總產量近 40%。年出口創匯近 5 億美元。

參、農藥訊息

　　在大陸，約有 2,600 家農藥企業，生產能力達 78 萬噸／年，有效成分的種類約 580 種，製劑能力達 100 萬噸／年以上，每年新增的登記品種約 2,000 個。至 2004 年處於登記有效期內的品種約 6,000 多個（含衛生用藥）。

一、中國大陸的農藥科研開發進展

（一）農藥科技研發的現況

目前中國大陸在農藥科技研究開發機構方面，南北方創製中心 6 個基地，其他如還有大專院校、科研院所、轉製企業等。在基礎設施方面，基本具備從化合物計算機輔助分子設計、組合化學合成、小試、中間試驗、工程化放大等化學化工過程；室內生物活性測定、田間外區試驗、田間藥效試驗等植物學研究過程；衛生毒理學和環境毒理學評價；質量分析；市場風險評估等全過程。在研發成果及創新能力方面敘述如下：

1、研發成果：目前已有 21 個具有自主知識產權的新農藥，取得了農藥臨時登記，其中殺菌劑氟馬琳可在今年內取得正式登記。有一大批具有不同生物活性的化合物處於研究開發的不同階段。

2、創製能力：合成化合物 20,000 個／年，篩選能力 30,000 個／年。平均每年可有 2 個左右的具有自主知識產權的新品種獲得農業部農藥臨時登記。

（二）農藥創製模式

中國大陸國家資助和研究單位投入相結合，科技部設立了「新農藥創製研究與產業化關鍵技術」開發項目，重點支持新農藥創製工作。國家的其他計劃、省市計劃等也對農藥創新工作有所支持。企業也投入了一定的人力、物力、財力。在國際合作與未來發展方面敘述如下：

1、國際合作：合作伙伴包括拜耳公司、陶氏益農公司、先正達
　　公司等，合作方式有聯合開發和委託開發等。目前中國大陸
　　還沒有國際認證的 GLP 實驗室，創製品種走向國際市場還
　　需要依靠外力。國外公司也十分關注中國大陸農藥的科技開
　　發及創製狀況。

2、未來發展：在大陸政府的大力支持下，與企業的積極參與下，
　　未來幾年中國大陸的農藥創製工作會繼續深入進行，創製能
　　力和創製水準都會有所進展，致力於接近國際先進水準。

二、奈米材科技術在農業製劑中的應用

　　九〇年代以來興起的奈米材料技術熱潮，引發了農藥製劑研究者
的極大興趣，中國大陸亦復如此。目前中國大陸在這方面的研究進
展情況，聯合國南通農藥劑型開發中心的研究，將之主要歸納為以下
五點：

（一）抗紫外線輻射：對某些光敏性的農藥活性物，將 30～40
　　　的某些金屬氧化物奈米微粒分散到農藥製劑中，從而對
　　　400nm 波長以下的紫外光趕到較好屏蔽效果，以達到延
　　　緩降解的目地。

（二）光催化作用：某些奈米材料如 TiO2、TiO2/Ag 等在光照下
　　　對有機物的光降解有顯著的催化作用。在製劑中用以縮短
　　　藥效期，這對某些由於降解期過長而影響下作物的農藥品
　　　種顯得尤為重要。在這方面，有的研究成果還表明，能減
　　　少農藥在作物和土壤中的殘留。

（三）將具有光致分解作用的某些奈米材料直接製成懸浮劑噴沙到作物上，有些研究結果表明能起明顯的殺菌作用。

（四）將固體農藥直接製成奈米級微粒併製劑的研究，未見報導。

（五）將液體農藥製成的奈米尺寸的微粒併製劑，如微乳劑，奈米級微囊等。結果表明，並不能呈現具有奈米材料特徵的表面效應，量子效應等，即沒有出現農藥活性物某一性能的突變現象，僅呈現出單純的幾何尺寸變小的效應。

　　儘管目前在中國大陸奈米材料技術於農業製劑中之應用，仍僅處於基礎研究階段，面臨許多的難題待克服，但是中國大陸產業界積極的研發精神，值得台灣相關業者關注。

首屆福建海峽石化產業發展論壇記

一、會議盛況

　　首屆福建海峽石化產業發展論壇，已於去（2005）年 12 月 28-29 日在泉州市泉港區化工城舉行完畢，此次會議名為『首屆福建（泉港）石油和化學工業展洽會暨海峽石化產業發展論壇』，顧名思義也穿插一

些投資機會的介紹與招商活動。此次大會係由中國石油和和化學工業協會、福建省經濟貿易委員會、泉州市人民政府、等六個單位主辦，不過事實上大會乃由福建省石油和化工行業協會執行，泉州市政府相關機構亦有參與協辦，參加此次盛會的對象包括有石化專家學者、海峽兩岸石化代表及媒體記者等等。

此次高峰會論壇有位與會學者及專家發表講演，包括有中國石化協會副秘書長孫傳善先生之《中國石化產業發展現況及趨勢》、台灣文化經濟發展協會會長林竹松博士之《立足泉州發展，石化前景亮麗》、中國省經貿委領導之《福建省石化工業發展現狀及加快石化產業集群建設的思路》及福煉公司副總經理李新河之《福建煤化一體化項目及其對福建石化中下游的拉拒作用》等。

會場設置有國際展示攤位 300 個，共分為 6 個展示館，參展商品類別有「石油化工基本原料、化學肥料、農業化學品、三大合成材料（合成樹脂、合成纖維及合成纖維）及製品、精密化學品」等。在展示期間，並舉辦海峽石化產業發展論壇。舉辦單位表示，此次盛會之目的冀以提供兩岸石化企業一個訊息交流、科技諮詢、尋求合作及共拓市場的服務平台，同時亦是兩岸石化精英展示形象、擴大影響力之高峰會議。

二、福建泉港石化中心概況

泉州市泉港區，其地理位置乃位於中國東南沿海的湄洲灣南岸，2000 年 4 月經中國國務院批准設立行政區，係屬海峽西岸之中國國家級石化產業發展重鎮，兼具有現代化港口之新城市。全區之現有區域面積達 321 平方公里，海域面積則為 105 平方公里，人口總數約

36.72 萬人。根據泉港區建區五週年活動籌備工作小組的資料顯示，全區共有 56 個項目參加泉港建區五週年系列活動項目剪綵，投資總額達 40.1 億元。外資投資項目有 14 個，投資額達 18.22 億元，折 2.22 億美元；內資項目為 42 個，投資額達 21.88 億元。

　　泉港石化中心座擁湄洲灣天然良港之優勢，相當具有發展石化產業之潛力。石化產業是泉港的主導產業；泉港區內現有福建媒化公司、湄洲灣氯（石咸）公司、泰山石化、華興液化汽公司及海洋聚苯樹脂等 16 家石化企業，並有 30 多家石化中下游廠，除此之外，另有 50 多個投資額超過千萬元之石化項目正建廠中，初步形成了「產業鏈配套、內外資兼顧」的石化塊狀經濟模式。展望未來，將於 2008 年投產的福建煉油廠乙烯一體化投資項目，每年可產出高品質之成品油 700 萬公噸、聚烯烴產品 128 萬公噸及對二甲苯 70 萬公噸等石油化學品。

　　泉港石化中心之基礎設施配套完善。泉港區的海陸空交通網路極為便捷。在海運方面：海上運輸區域位於菲律賓馬尼拉港與日本東京港的中心點；廣州港與上海港的中間區位；東距台灣基隆港 178 海里、距高雄港 194 海里，可謂為東南海上航線的一個輻射中心。在陸運方面：陸上相距福州、廈門普江機場均在 1 小時路程內。泉港石化中心區域內之基礎設施包括電力供應、水資源、通訊、道路、污水處理廠及垃圾集散中心等規劃完成，發展大規模石化專區條件良好。

三、論壇論文摘要

此次高峰會論壇有位與會學者及專家發表專題講演，相關論文包括有中國石化產業發展現況及趨勢、立足泉州發展，石化前景亮麗、福建省石化工業發展現狀及加快石化產業集群建設的思路及福建煤化一體化項目及其對福建石化中下游的拉拒作用等數篇論文，本文係篩選與台灣石化工業雜誌讀者相關的三篇論文並摘要如下：

（一）中國石化產業發展現況及趨勢

中國石化協會副秘書長孫傳善在他所發表的《中國石化產業發展現況及趨勢》論文中指出：石油和化學工業是能源工業與基本原材料工業，在國民經濟發展中佔有極其重要的地位。中國的石油和化學工業經過 50 多年來的建設，特別是「七五」、「八五」、「九五」及「十五」等四個五年計畫的快速發展，已經具備相當規模的基礎，目前已經形成 20 多個行業，能夠生產四萬多種產品，成為世界石油和化工產品生產和消費大國。

孫副秘書長進一步分析指出：中國石油和化學工業之發展現況有工業涉及部門廣、依存度高、互動性強的特點，在國民經濟產業鏈中擁有舉足輕重的地位。截至 2004 年底，中國石油和化學工業之規模以上企業有 17856 家，從業人員數達 466.5 萬人，總資產達到 21925 億元，有關 2004 年石油和化學工業主要經濟指標請詳見表 3-3-12。

表 3-3-12　2004 年石油和化學工業主要經濟指標

名稱	石油和化工業		全國工業		佔全國比例	
	金額 （億元）	增長率 （%）	金額 （億元）	增長率 （%）	比例 （%）	百分點 （＋－）
工業 總產值	24666.1	32.3	187220.7	31.0	13.2	0.2
工業 增加值	7646.5	32.3	54805.1	16.7	14.0	0.1
產品 銷售收入	24249.6	32.5	187814.8	31.4	12.9	0.1
利潤 總額	2793.0	58.7	11341.6	38.1	24.6	3.0
稅金 稅額	1430.0	24.4	8863.5	20.8	16.1	0.7

其他有關本篇論文摘要如以下各點：

1、當前行業優勢及潛力方面

(1) 中國的石油和化學工業的經濟總量大幅增加，在國民經濟
的支柱產業地位日益提高。

(2) 中國已經成為世界石油和化工產品生產大國。

(3) 中國的石油和化學工業市場增長潛力巨大，正在成為世界
石化產品市場中心。

(4) 固定資產投資快速增加，新建項目發揮能力。

(5) 化工園區建設具規模。

2、當前行業經濟發展存在的問題

(1) 原油資源不足，進口對國內油品供應安全之影響越來越大，進而影響到下游相關產品的供應及價格。

(2) 國內部分石油企業下游煤化結構較差，技術水平落後，難以充分實現一體化效應。

(3) 主要石化產品還不能滿足中國國民經濟發展的需要，各地區化工產品結構大同小異，有產品結構性不均的景況。

(4) 企業規模集中度低，難以形成規模效益。

(5) 產品技術水平落後，導致能源消耗過多，環境破壞嚴重。

(6) 研發基礎薄弱，技術創新能力不足，自有技術少。

3、有關永續發展與環保的問題

石化工業乃資源和能源消耗較多的行業，為實現石化工業的永續發展，必須致力於發展循環經濟，發展循環經濟即是力行降低能耗，以提高資源利用率，減少自然資源的消耗；致力於減少產品污染物的產生；加強資源再循環的綜合利用效益；減少廢棄物的產出量；積極發展環保產業，為資源高效率利用和循環利用提供技術保障。在規劃「十一五」計畫時，應切實注意石化產業循環經濟的發展致力於綠色化工之發展，此為國際間的共識與責任，因此，節能、環保和節約資源係為今後石油和化工產業持續發展的要件。節約能源與資源要仰賴現代先進技術，以提高石油和化工環保產業技術與設施水平。

（二）福建省石化工業發展現狀及加快石化產業集群建設的思路

1、福建省石油和化工產業之現況

根據中國省經貿委領導發表之《福建省石化工業發展現狀及加快石化產業集群建設的思路》報告指出，福建省石油和化工產業之現況除競爭力不斷提升外，並具備群聚發展條件，有關石化建設包括：石油加工、合成材料、化學原料、化學肥料、化學醫藥、塗料源料、特用化學品、橡膠加工、特用設備製造業和化學礦採等十個行業別，除石油和天然氣開採業尚無外，門類已經齊全，具初步規模。規模以上企業有 469 家，2004 年完成工業總產值 449.07 億元，增長 19.5%。

2、有關近年來福建省石油和化工產業發展特點如下

(1) 福建省吸引投資之政策力度不斷加強，投資環境條件不斷優化，有效促進石化行業經濟結構及產品結構調整。

(2) 在石化產業的十個行業中，石油加工、合成材料、特用化學品、橡膠加工等四個行業居領導地位。

(3) 在區域分佈上，近年來福建省石化工業發展趨向集中於泉州、廈門兩地。

(4) 具產品優勢，優勢產品穩步發展。

福建省石油和化工產業之策略包括發展臨海戰略型石化產業集聚、立足創新協調發展傳統化工產業；未來展望是成為塑膠製品加工、紡織及化纖產業鏈之石化產業群聚區域。

（三）海峽石油化工發展機遇分析

　　根據中國石油和化學工業規劃院石化處處長，副總工程師李君發表示：湄洲灣位於福建省中部為半封閉型基岩港灣海灣，海灣三面為丘陵和紅土台地所環抱，岸線曲折，東臨台灣海峽，靠近國際主航道，介於中國的上海和廣州兩大港口中央地帶，與台灣的基隆港隔海相望。湄洲灣是中國二大經濟中心華東和華南的交叉點，向內輻射是中國最大的現代製造業基地，沿海岸北上可直達華東、華北主要市場並順利進入台灣、香港仍至國際市場。湄洲灣依靠外部原料，面向國內外兩個市場，發展石化及加工業具有天然的區位優勢。

　　位於湄洲灣周邊的泉州及莆田地區係為福建省製造業比較發展區域，泉州已形成紡織、製鞋、建築、藝術品、玩具、製傘及電子通訊之發展重鎮，紡織及製鞋產值在 100 億元以上。莆田市製鞋、電子、儀器等產業聚落也漸成規模，能源、紡織、醫藥及服裝也開始發展，由於這些產業的發展，對石化原料的需求將不斷擴大，是支持湄洲灣石化工業發展的基石。

　　中國的福建省資源得天獨厚，經濟實力不斷擴張，石油和化工產業基礎設施逐步完善，改革開放也未停過。特別是湄洲灣是中國距離台灣最近的地區，與台灣有豐富的地緣、人緣、血緣、文緣、商緣關係，尤其是馬祖文化對台灣民眾吸引力及影響相當大。湄洲灣地區充分地用上述完善優良之條件，大力推展海峽西岸經濟區建設，規劃建構湄洲灣石化基地，對外商極具吸引力，對台商而言，這是海峽石油化工發展的良機。

四、結語

　　有學者研究發現，九〇年代以來台商投資大陸逐漸形成熱潮主要有兩股力量：一為國內產業結構變遷、環保意識高漲，投資環境改變所形成之「推力」；另一則為大陸投資環境相對優勢，與中國大陸對台灣經貿政策運作所形成之「拉力」。海峽兩岸石化工業之正式接觸始於 1990 年。隨著中國大陸經濟快速的成長，大陸市場儼然成為業者兵家必爭之地。以去（2004）年為例，台灣五大泛用塑料（PE、PP、PS、PVC、ABS）的總產量有超過 60%係銷往中國大陸市場。由此觀之，大陸市場對台灣石化業者的重要性可見一斑。

　　據參與此次盛會的中國官方代表指出，石化產品是人類生活—食衣住行不可或缺的材料，石油化工產業在經濟與社會發展中扮演著極為重要的角色，並且是具有先導性主要基礎產業地位，是工業的火車頭。閩南地區與台灣間的關係可謂血脈相連，地理位置亦是最接近，僅隔著台灣海峽相望，特別是語言相通、文化相近的基礎，加強台閩地區的經濟合作，是開創產業的新契機。

　　台灣石化業某重量級人士也曾表示，兩岸在石化產業的合作是互利的。中國有一個大而快速成長的市場，充沛的人力資源以及堅實的科技基礎，而台灣除了資金外在「生產管理」、「產品銷售」、「產品加工」及「客戶服務」等方面，累積了相當的寶貴經驗，雙方能有機會合作，對雙方來說是相互有利的。

附　錄

附錄一

1977~2006 年我國石化產業發展概況編年表

時間	政府政策
1977 （民66）	十大建設
1978 （民67）	中油公司第三輕油裂解工場正式開工。
1979 （民68）	1月1日至10月11日中油調整石化基本原料價格達七次，各項基本原料價格年度漲幅約 48.4%到 67.9%。 6 月國貿局禁止所有石化中間產品出口。到 12 月部分恢復開放，惟 HDPE、SM、PS、PP、CPL、DMT、PTA、EVA、VCM、DOP、ABS 等 11 項產品仍在暫禁出口之列。
1980 （民69）	六月以後，國內石化產品，受美貨廉價傾銷，市價暴跌，銷路阻滯，一時情勢，甚為緊張，停工減產者，比比皆是。經本會向經建會、經濟部、中國石油公司分別陳情，請予以降低石化基本原料價格。幸蒙當局體察實情，自六月一日起，將六、七月份原擬各加 2%之議，暫予停止。繼又自九月一日起續減 5.3%，勉渡難關。
1981 （民70）	奉經濟部工業局之囑舉辦「石化工業公害防治講習會」，自八月十九至二十一日，講習三天，聽眾五十餘人。 內政部於十二月一日在僑光堂舉辦「全國性勞工安全衛生學術研討會」，由本公會講解「危險物品處理及災害防止」。 在利率高昂之下，在不景氣之下，累累的庫存迫使了石化業者因應，由紛紛減產改為紛紛停工。十月十八日政府為要維護石化下游業者，決定了「自由進口」政策，凡屬石化中間產品，及其基本原料皆可進口；十月二十八日，政府正式撤銷了四十四種石化中間產品的進口管制；同日起，也允許

	上述石化中間產品之自由出口,也允許在中油基本石化原料價格被認為過高時,石化業者得以進口此等原料。至此,一切自由進出了。
1982 (民 71)	中油公司於七十年十二月一日,將乙烯每公噸價格自 641.50 美元降為 518.0 美元,七十一年四月一日更降至 468 美元,七月一日再降至 441 美元。此舉化解了中間產品國外進口之壓力,也使得上、中、下游都能以國際價格做交易,從而復甦了石化工業。 財政部於七月一日起實施六項石化原料 LDPE、HDPE、PP、PS、ABS、SM 進口時全額課稅,實施半年。八月間又追加 PVC 粉粒及 SBR 橡膠兩項進口時全額課稅。
1983 (民 72)	經建會討論通過「石化下游工業部門發展計畫」為石化上、中、下游訂出長期發展計畫。 本年五月間修正公佈水污染防制法及空氣污染細則。 我國的經濟,是以外貿為導向。因此,政府的政策之一是使外貿邁向開放與自由化。所衍生的措施,在進口方面是降低關稅、降低關稅外附加、減低管制進口之項目;在出口方面是設法取消退稅等等。由於外貿開放,消費者與下游加工業者有了更多的自由去進口產品或加工原料。而國產品的上游業者便須以近於國際價格來出售其產品,與之競爭。石化業者所製的中間原料、以及產品,自然,也以國際價格供應給國內客戶。加工業者自然也更願意購用國內的石化品,於是石化業的產銷秩序大為改善,吵「價」之事,不再多見。
1984 (民 73)	在這一年裡,我國政府明確打出經濟國際化、經濟自由化政策,一切措施都在邁向這一目標。相關具體措施,如降低關稅外附加 5%,降低關稅、減少管制進口之項目,取消退稅等等;都已逐步付諸實施。 經濟國際化、經濟自由化政策之揭示,在無形之中也影響到執行階層的政府官員之意念心態。在這一年裡,我們很少看到政府的干預,諸如:限制出口、限制進口、輔導、保護等措施。我國石化工業是茁壯自立了。
1985 (民 74)	中國石油公司的第五輕油裂解工場,目前正在籌畫中,預期於民國 81 年完成,總投資額新台幣 153 億元,設計年產能: 乙烯 40 萬公噸 丙烯 22 萬公噸

	丁二烯 6 萬公噸 苯 14 萬公噸 甲苯 13 萬公噸 二甲苯 11 萬公噸 脫硫製汽油 100 萬公秉 五輕之計劃，係將取代已經陳舊的一、二輕，保持石化原料自給率，五輕計劃全屬舊換新性質，是以下游未增。
1986 （民 75）	經濟自由化的步伐加速，進口商品以及原料之關稅稅率，紛紛予以大幅度調減。 新台幣昇值的壓力日趨沈重。銀行利率急劇下降。國內環境保護意識高張而轉為社會之共識。四月份開始實行加值型營業稅新制，由於事前宣導得宜，物價得以保持穩定。 政府復於年內核准台灣塑膠關係企業，共同提出之石油化學工業投資計劃，其中輕油裂解工廠之乙烯年產能為四十五萬公噸，目前此項計劃亦在進行之中。後項投資計劃之核准，顯示我國政府在石油化革工業政策上之重大轉變，已循取自由化之力向，將石化基本原料之生產任務，開放由民間經營。
1987 （民 76）	中華民國的石化工業年鑑 及石化月刊停止出版
1988 （民 77）	環保與工運意識之熾興，使企業主窮於應付。公害防治要求日高，新廠用地難覓，技術引進不易，益增擴展之困難。 五輕和六輕計劃之佇延，對國內石化工業之進一步發展影響至鉅。五輕尚在折衷協調之中；而六輕雖已核准，但用地、用水、與港口等問題仍待解決。
1989 （民 78）	原料供應不足，環保糾紛頻傳，以及下游工業之外移，使我國石化產值小幅衰退。在生產設備新擴增方面，也受制於環保、技術、廠地等阻礙，而乏善可陳。 不少石化業者嚐試往海外投資，或將舊生產設備外移，共尋找他們的第二春。往好的面看，正是推展國際化策略的表現。然而，如何祛除國內產業空洞化之疑慮，順利調整生產結構，轉為技術密集型態，亦屬當務之急。

1990 （民 79）	五輕的開工是 79 年中石化業的一件大事，此一延擱了三年多的計劃終於在中油公司及政府有關單位鍥而不捨的努力下圓滿落幕，預計 83 年 6 月可完工投產。 特用化學品發展策略之訂定與技術發展中心之籌設，將有助於國內特用化學品工業之加速育成。此等動向乃是我國石化工業邁向高科技領域之里程碑，可望逐步達成工業升級的目標。
1991 （民 80）	延宕多年約六輕案，於去年中終於塵埃落定，六輕是國內第一個民營輕油裂解計畫，已擇定台灣西海岸的雲林離島工業區設廠，總投資額高達新台幣 900 億元，環保費用之高為其特色。六輕計劃下游將產製通用化學品、工程塑膠、和特用化學品中間體。
1992 （民 81）	為推展國際化，國內石化業者去年仍致力海外投資與建廠，主要案例包括：在美國的烯烴廠、苯乙烯廠，在泰國的芳烴廠、ABS 廠，以及在馬來西亞之烯烴廠與聚乙烯廠。
1993 （民 82）	經過數年施工之三輕，總在第四季完工試車，已進入量產，使我國乙烯年產能增至 101.5 萬公噸。去年，可謂我國石化工業再出發年，除五輕順利完工操作外，台塑六輕計畫亦已克服土地收購、工業港建設、銀行貸款等難關，棘手問題迎刃而解，目前抽砂填海業已發包，將按工業港、煉油廠、輕裂廠之次序逐一動工。另外，東帝士集團所提，包括年產乙烯九十萬公噸及煉油廠、芳烴廠等之七輕案，亦在積極推動，一俟廠址覓妥，籌建進度可望加速。而中油的第三煉油廠及石化原料增產計畫（八輕），亦在緊鑼密鼓地進行，且為掌握景氣循環之高峰，特將完成時程提前。 在環保方面，去年石化中心鄰近居民仍有非理性抗爭，以台塑在雲林麥寮六輕工地為例，雖各項條件均獲政府核准，民眾抗爭依然持續不斷。 石化公會為強化其曾員公司對員工、顧客、鄰居和社會的安全、環保和健康之責任感，特成立了責任照顧計畫委員會，去年中並舉辦多項相關活動，今年仍擬擴大推展。
1994 （民 83）	國內石化工業在環保方面也作了很多努力。責任照顧制之推動更加落實。石化中心公害監測系統順利操作，污水處理亦在改善，期達到 87 年的排放標準。去年中也舉辦了環保攝影比賽與工廠綠化評比。許多廠亦完成了 ISO 認證。

	石化廠家之海外投資活動，已積極地擴展。去年中不少業者積極向中國大陸、南非、東南亞等地尋求投資機會，且已獲相當成果。
1995 （民84）	環保問題依然是台灣石化工業致力改善的重點課題。去年中業者投入了更多的金錢與心力進行污染防治，包括斥巨資興建符合 87 年環保標準的污水處理廠興致力推動責任照顧制展現做到無公害之決心等，惟環保抗爭依然不斷，民眾圍廠時有所聞，非理性索賠仍變本加厲。
1996 （民85）	高雄縣地方政府為顧及環保等原因，宣佈不再接受石化業新擴建申請，使石化業者備感困惑。惟在彰化新闢為高級材料專業區的彰濱工業區，則已有不少石化廠宣佈取得土地，將進駐設廠。還有，德商拜耳公司來台中設年產 10 萬噸 TDI 廠案，已獲核准並取得建廠用地，正續與地方民眾溝通建廠所關心的問題。六輕計畫之順利推動亦廣被矚目，由台塑集團投資的六輕於 85 年完成整地，開始建廠，部分工廠像 SM、PTA 等可望於今年下半年便可完工投產，其他各項石化中間體生產設備都訂在 88 年左右完成建廠。另外，由東帝士集團主導的七輕計畫正在環評階段。八輕計委則積極尋覓和評估廠址。 台灣石化業之多角化和國際化也有一些成績。有幾家石化業者轉投資高科技產業，蔚為一股風潮，海外投資方面，所完成的重要案例，除台塑集團已宣佈擴大在美國德州的大型乙烯中心外，尚有東帝士泰國 PTA，和桐大陸烷基苯廠、台橡在大陸南通的 SBR 廠，以及李長榮赴中東卡達投資大型甲醇廠等。
1997 （民86）	亞洲金融風暴導致之動盪不安。 國內石化工業去年的成長不盡令人滿意。環保抗爭、建地難覓仍為重大阻礙。60%以上的石化廠座落於南部的高雄縣，由於當地政府之政策性掣肘，石化產能新擴增延宕不前，經業界一再溝通，勉強排除一些障礙，但所立下的一些限制，例如新擴增申請以減廢、改善環保為審核前提等，無疑令新投資困難重重。例如國際化學巨人德商拜耳公司欲投資 500 億元鉅資在台中設石化原料廠，此案被視為政府建設台灣為亞太製造中心政策的一個重要指標，無奈在地方民眾反對下，一波三折，殆已胎死腹中。 台灣石化業在國內投資不順，自以進軍海外為另一選擇。業界對赴中國大陸設廠意願甚濃。然在政府戒急用忍政策規範下，還是滯礙難行。不少業

	者往高科技領域發展，投資產製電子材料、電子化學品、精密化學品等，獲致相當的成果。 去年中在改善環保方面業者繼續投入許多努力，大社石化中心聯合污水廠三級處理新建工程之完成是一項創舉。責任照顧協會之成立是結合產、官、學之力量，積極推動無公害生產善盡社會責任的一大步。各廠家對落實公害防治防範意外發生提高工安，正亦步亦趨，全力以赴。
1998 （民 87）	台灣的石化工業還有幾件值得一提的熱門課題，那就是節約能源、二氧化碳減量、千禧年電腦年序危機，以及赴中國大陸投資設立輕油裂解中心等，而七經、八經計畫之進展情況，亦廣受關切。
1999 （民 88）	台塑集團六輕計畫各項工程陸續完工，烯烴廠和芳烴廠於第一季正式產出合格產品，致使此兩大石化基本原料實際產量提高了 35-50%。 此外，主要塑膠產量亦有 20%左右之增加。88 年台灣乙烯產量接近 130 萬公噸，創造了歷史新高。其中台塑第一座裂解爐操作率達到 75%，而中油公司乙烯設備利用率更高達 95%，反映了產銷順暢。 台灣石化工業去年中尚有幾件值得一提的發展。其一是八經計畫廠址由屏東轉到嘉義布袋落腳，第一期乙烯總產能設定為 120 萬噸，總投資將高達 6 千億元，已獲地方與中央政府之支持。 由東帝士主導的七經案，經過六年的籌劃，終在 88 年 12 戶中獲得最終環評過關，即將進行廠區編定與投資建廠準備。還有石油管理法之立法審議，涉及石化原料供應及進口問題，引發廣泛的討論。
2000 （民 89）	兩岸即將進入 WTO 之際，業者籲政府應開放到中國大陸籌設輕油裂解廠之禁令。 石化工業面臨的重要課題二輕與高雄煉油廠之就地更新案。
2001 （民 90）	90 年中台灣石化工業的大事之一是中油公司高雄煉油廠就地更新之研議。公會及業界致力說服政府與地方民眾取消 25 年遷建，讓高雄煉油廠繼續扮演石化基本原料供應者之角色。而環保署之開徵土壤及地下水污染整治基金，亦為國內石化業的一大夢魘。 我國石化產品平均進口關稅在 5%之下，對本土業者幾乎不再具有保護作用，未來在 WTO 架構下，世界各主要國家將分年逐步削減其石化品關稅，將提供國內業者一個公平的競爭平台。

2002 （民 91）	石化業界持續推動中油高雄煉油廠就地更新計畫，終獲政府首肯，取消 25 年遷建，將改為石化能源高科技專區，原本仰賴高廠供應石化基本原料的石化中油業者，可望獲永續經營之確保。至於石化上游赴中國大陸投資輕裂廠之議，仍在政府檢討之中，基於根留台灣與資金外留的考量，也需尚須假以時日。 環保仍是台灣石化業的夢魘，土污費之開徵使廠家負擔沈重，禁用塑膠袋政策亦使廠家業績受損，而擬議中之水污費、揮發性氣體管制、與高高屏區污染總量管制等均將帶來石化工業發展的衝擊與障礙。
2003 （民 92）	中油公司也規劃了三輕、四輕、五輕的更新與產能擴增。不過，高雄煉油廠的就地更新計畫在過去一年中並未獲致進展，與廠區週圍居民的溝通尚無最後協議。
2004 （民 93）	京都議定書成為，國家能源全球矚目焦點，國家能源政策備受關切。
2005 （民 94）	民國 94 年台灣的經濟成長率達到 4.02%，已成兆元產業而屬資本密集的石化工業，在整個化學工業的投資成長中貢獻度極高。台灣乙烯總產量達到 290 萬公噸的歷史新高，實際上是超產能生產，也較前一年增加 1%。丙烯產量也提高 1%；丁二烯及甲苯兩種基本原料產量略減。台灣石化工業去年主要擴增以台塑六輕四期的建設為最重要，包括年產乙烯 120 萬公噸的第三輕油裂解廠，年產芳香烴 100 萬公噸的第三芳香烴工廠都順利積極施工中，預定 95 年底完工投產，有關各項中下游配套亦在建造中。中油公司的三輕更新計畫，去年中尚無實際進展，民眾之非理性抗爭，嚴重阻擾了計畫之推動。本計畫擬新進年產能 100 萬公噸的輕油裂解廠，廢棄原有已操作 30 年的舊設備。
2006 （民 95）	民國 95 年台灣乙烯總產量為 289 萬公噸，較前一年略減 0.4%，國內最重要的發展是台塑六輕四期建設順利進行，已接近機械設備完工階段，乙烯總產能將提增 120 萬公噸。中油三輕更新案，在政府積極支持下，經與廠區附近民眾艱難之溝通，終於完成法定的公開說明會，進入實際環評階段。至於國光石化科技新計畫，籌備之路尚相當艱辛，也考慮建廠地點備案，包括赴中東地區設廠。 石化工業面臨的新難題諸如擬議中的能源稅課徵，溫室氣體管制法之實

	施，廢水、廢棄物付費，地方回饋基金之負擔，與揮發性有機物排放費之開徵等，將造成廠家生產成本提高。 展望未來，台灣石化工業的成長仍可期，中油三輕更新、台塑六輕續擴建第五期與國光石化建廠在未來的數年可望完成。由於全球經濟仍舊強勁，市場需求旺盛，中東的產能也將延遲開出，還有一些原計畫 2010 年投產的設備亦遲延，故供需平衡仍可維持良好平衡。

資料來源：參考〈中華民國的石化工業年鑑 1978~2006〉整理製表

附錄二

石化產業政策變遷與輕油裂解廠發展：訪談結果大要

　　學者們對於政府是否應藉由產業政策來干預產業的發展，及其是否對特定產業發生影響，不同之理論與觀點甚多。另外，在其他領域中，筆者多年來親身參與觀察發現：政府單位人員、石化業者及環保人士等人員，他們的角色係與本章欲探討之主題具有相對重要的關連性。因此為求本文之研究深度及廣度，藉由深入訪談上述人員以取得的一手資料，冀期能呈現更貼近事實的研究內容。有關本章節分析內容分述如下：

　　本文訪談階段於 2006 年 3 月 17 日至 4 月 17 日完成，期間共親自訪談六位受訪者。為顧及受訪者之權益，受訪者的姓名僅以編號代替之，而受訪者編號 A1-A2 為政府人員，B1-B2 為石化業者，C1-C2 為環保單位。相關訪談過程錄音記錄彙整大要如下：

訪談記錄（一）

受訪者：A1

訪談日期：2006.4.4

一、政府從何時開始制訂石化產業政策？又政策之目的（策略）為何？

我認為台灣一直以來，並沒有所謂的石化產業政策，很多都是業者自行創造出來的。如果硬要說有什麼政策，我覺得是中油公司與下游石化廠家的「基本原料價格合約制度」，這也是台灣石化業可以發展起來的重要關鍵之一。一直以來中油所提供的石化基本原料合約價，遠低於國際市場現貨價格，讓石化廠家所生產的原料具有價格競爭力。例如國際市場乙烯現貨價格飆到每公噸 800 美元，中油的合約價還是只有每公噸 500 美元。

二、政府制訂之石化產業政策是否具有一貫性？有哪些關鍵因素導致政策的改變？

此問題必須由外往內看，第一：根據環保團體的觀點，外指的是美國及歐洲等國家一直以來皆在提倡環境保護措施，而國內相當多數之官員皆自這些國家留學回來的，這些留學生（政府官員），例如環保署官員等等，第二：2004 年 2 月俄國通過京都議定書，使得京都議定書正式生效，這是全球環保的一項重大指標。致使全球更加對環保議題之關注，在此情況下，形成由外往內之壓力，同屬亞洲的日本就相當積極在因應京都議定書的。

　　雖歐洲及日本非我國主要的石化市場，大陸才是目前的主要市場，但是歐盟卻是全球最大石化市場，以致於在採購的部分具有極大能量，而歐盟又有極大部分之石化原料採購至中國大陸，此會形成一連帶效應，歐盟之態度將進一步影響到世界其他國家，若未能符合京都議定書之規範，則將可能受到經濟管制或制裁。所以國內政府官員也必須有所因應，而受到影響。

　　而且過去政府對二氧化碳排放問題要求較鬆，現在忽然要緊縮，業者與廠商就一時無法適應。基本上我認為，政府官員的心態是應該是在二氧化碳排放問題已經讓步很久，現在有京都議定書可以拿著雞毛當令箭，對現階段輕油裂解廠之籌建與更新加以嚴格把關，但我認為，並非是要讓這些計畫不能通過，而是要著重於對總排放量的監督，如果能夠將效能不佳排放量高之設備更新，使用先進科技設備而讓效能提升排放量減低，這有何不可，或拆除舊廠而籌設新廠也是一樣可以進行的，在輕油裂解廠總產能不變，又能降低二氧化碳排放量，又能顧及目前經濟之發展，這樣發展應該很好，但這些從國外留學回來的官員則可能不如此認為，而是藉由京都議定書之議題，來限制輕油裂解廠之相關計畫的的執行。我認為國際公約台灣當然要加以重視，但我相信還是有加以妥善安排的方法，而非一定要採用強烈限制的方式。

　　例如三輕更新已獲政府經濟部工業局通過，而環保署仍為放行，仍要求中油要補件再補件，這與五輕不同，和政策無直接關係，我的意思是五輕 25 年遷廠是政府之承諾，但若環保署執意不讓三輕更新案通過，又阻擋國光石化建廠，對石化產業發展殺傷力極大。

　　三輕為國營事業，若沒辦法進行更新，石化業者損失還算可承受，但國光石化投資案是中油與民營業者一同投資，所以若無法通過，對業者影響很大，政府的公權力也會受質疑。其次，石化業者將可能放棄在台灣的投資，前往台灣以外的其他地區。

三、截至 2005 年止，政府所推動的石化產業政策可分為幾個階段？又各階段政策內容為何？

　　這個問題其實很複雜，卻也很簡單，答案與政府的政治議題有相當的關係。過去威權統治時期，政府說往東走，誰敢往西走？我相信並沒有。石化業是整個總體經濟發展的火車頭，當時政治環境並沒有所謂的抗爭，政府進行的任何輕油裂解廠籌設計畫都很快達成，這就像我們現在看中國大陸一樣，他們要執行何種政策都很快，上頭說 OK 就 OK 了。

　　現在相較於威權時期大不相同，政府無法有明確性，OK 就 OK，不 OK 就不 OK，有時候上頭說 OK，結果下面（地方政府或民眾抗爭）說不 OK，結果還是繼續拖，無法解決，或許這就是民主社會必經的過程吧！任何的決策或程序在進行的過程之中，必然造成內耗，即便是一個好的政策，卻因為對兩邊的利益團體有所不同，而有所影響。

四、截至 2005 年止，政府所推動的各階段石化產業政策，對輕油裂解廠的發展有何影響？

　　政府政策的指標，可從三輕案已獲政府同意，然該案卻遲遲無法執行來看，業者對政府未來政策方針存疑？因為這和五輕不同，五輕政府已經承諾 25 年內拆遷，所以觀察政府是否繼續支持石化工業的

指標應該從三輕案來看。若國光石化投資案及三輕更新案都無法執行，石化業發展將受到限制，業者也不會留在台灣了。

五、政府當前的兩岸經貿政策，由「積極開放、有效管理」更易為「積極管理、有效開放」後對輕油裂解廠的發展有何影響？

我認為「積極管理」必須站在一個角度，政府可以不同意台灣石化業赴中國大陸設置輕油裂解廠，但理由必須讓人信服。現階段政府不同意的理由是輕油裂解廠是高技術及高資金，這理由根本說不過去。現在只要有錢，就能買到輕油裂解廠的技術，這技術也非我國研發的。另外，高資本，台灣業者若要投資，也必須是貸款的，若怕業者將台灣資金外移，大可限制不得向本國營行貸款或限制資金上限。所以以投資輕油裂解廠是高技術高資金的理由，代表政府制訂政策單位根本不懂。若我是政府單位，我會開放，讓他們信服，但做不做的成，要看他們自己去擺平。另外，我也不相信中國大陸會會核准台灣業者前往設立輕油裂解廠，因為審核此類案件的公司為中國大陸的中石油與中石化，這些公司自己就是營運輕油裂解廠的企業，在沒有任何商業利益的前提，不太可能會核准的。除非為了政治議題「統戰」，或許還有可能性存在。

六、政府當前的石化產業政策，對輕油裂解廠的發展有何影響？

因順應市場機制，廠商依照需求作廠商的投資計畫，政府則應該取得「經濟、社會與環保」的均衡，偏離到那一邊都不是好現象，還要考量各層面的交互影響。若一味的將就環保不發展經濟，則社會是

會混亂的，經濟不好，要做好環保就更難。例如三輕更新案已獲政府通過，那就給中油執行它；國光石化要籌建，那就給它建，只要讓這些經濟活動按常規推展就行了。石化廠家該努力的就是「高值化」，提高產品的品質，滿足國內的需求，特別是高科技產業所需的特用化學品。

目前雖然國內許多石化下游外移，但仍有一千多家在國內繼續營運，滿足這些廠家也是必要的。

三輕更新案，中油主要希望提升環保工安並增加產能。在未增加耗能及污染的前提下，更新老舊設備。中油公司為強化石化基本原料市場上之競爭力，並為協助中下游石化業者進行汰舊更新以維持競爭力優勢，期在填補石化原料需求缺口，並提供新增之原料需求前題下，進行製程汰舊更新計畫，藉新製程、低能耗與經濟規模之優勢，以降低生產成本，乃有三輕更新計畫之產生。能更新舊設備減低污染量不是更好嗎？民眾不能認同又抗爭，我認為背後的目的仍是為了錢。

訪談記錄（二）

受訪者：A2

訪談日期：2006.3.29

一、政府從何時開始制訂石化產業政策？又政策之目的（策略）為何？

最早，有鑑於文字，民國 88 年參考資料，政策的產生，是因為發展出現問題才開始的，在台灣石化業發展之初（輕油裂解廠國營時

期），政府講什麼就是什麼，人民也沒有意見（也不知道）。直到 80
年代（民國 70）五輕籌建階段，民眾開始有環保意識，從那時候開
始政府必須想辦法來因應，從此之後才有所謂的石化政策。

　　在台灣輕油裂解廠的籌建計畫，通常有中游廠家一起參與，因此
所生產的基本原料都分配給他們用，例如第一輕油裂解廠就是與台聚
公司一起建廠，所生產的乙烯做為台聚生產（低密度聚乙烯 LDPE）
之用。二輕到五輕也相同，而六輕是自己創造中下游，一起建廠去化
原料。一般石化業用乙烯自己率來衡量是否續建輕油裂解廠，但此種
標準我認為有待修正，因為六輕陸續完工後，我國乙烯產能大幅提
昇，乙烯自己率也不斷攀升，那為何還要新建的輕油裂解廠呢？這個
答案很複雜，但也很簡單，因為六輕籌建時不是只蓋輕油裂解廠，也
同時蓋中下游工廠，因此，生產的乙烯只供給自家廠用，對其他石化
廠來說，無法滿足尚缺的乙烯需求。所以說高雄地區乙烯一直無法滿
足，即便是六輕一直蓋輕油裂解廠，乙烯不足的問題仍舊無法解決。
目前台灣每年乙烯進口量大約為 46 萬公噸，接近五輕一年的 50 萬的
產能。

　　政府的立場應該是讓台塑與中油兩體系公平競爭，均衡發展。未
來中油有必要走向民營化，否則連買一顆馬達也要立法院同意，中油
有任何投資計畫都要攤在陽光下，沒有隱私權。

二、政府制訂之石化產業政策是否具有一貫性？有哪些 關鍵因素導致政策的改變？

　　石化廠等重大耗能產業投資案，必須報請經濟部工業局同意後，
送環保署環評審核（通過環保法規）。另外，建廠土地之取得，則必

須通過內政部營建署「區域可行性評估」，該報告之完成地方政府是否同意佔及關鍵之角色，例如在該縣市設石化廠是否符合當地都市計畫，此乃隸屬地方自治的管轄權，因此，地方政府與石化廠投資案是否拍板定案關係密切，七輕投資案，即是在此環節遭到駁回。不過我不是說環保署環評審核不重要，其實也是相當重要的。

為何石化廠等重大耗能產業投資案必須報請經濟部工業局同意，主要作用是表示工業局對此投資案背書並認同，在後續的環評審核及區域可行性評估都通過後，政府才能做投資案之公告，之後由地方政府發給石化廠建照及污染排放許可證，即便是「雲林離島工業區」也是一樣的作法。若地方政府不同意，投資案是無法執行的，光工業局同意是沒有用的，沒有地方政府發的建照，如何建廠？

三、截至 2005 年止，政府所推動的石化產業政策可分為幾個階段？又各階段政策內容為何？

一到五輕階段，政府並沒有所謂的石化產業政策，僅是遵循市場機制，因為因應石化中下游的需求而籌建輕油裂解廠。六輕則不同，它是自己創造市場，看到中國大陸的潛在市場，自己一套做下來，由石化上游、中游一直到下游，國光石化計畫有點仿造六輕計畫，也是由上做到下的。

雖然在四輕籌設階段，就有民營業者想籌建輕油裂解廠，但政府不同意，認為輕油裂解廠由中油發展，是國營系統，民間經營中下游，不要互相採紅線，這樣比較穩定，大家也不會有爭議。本來八輕計畫，國光石化也想獨資，由國營來做，未來中油未來將走向民營化。所以

國光石化計畫是中油與民營企業合組的，藉此機會讓中油與民間資本混在一起，對中油民營化來說，已經跨出一大步。

基本原料計價公式，是中油與配合廠商間的合約關係，經常為了計價公式變動而吵翻天，若國光石化計畫執行，未來計價公式的問題可望解決，因為原本的對立立場已經轉變為合作（合資）立場了。而計畫案送立法院時，也能說服立法委員中油民營化的決心。

政府一定要設法解決三輕更新案，尤其目前的民眾抗爭問題，因為三輕更新案是正式政府通過的，一定要推動，若因為遭遇困難而放棄的話，對政府公權力是一大損傷，也會造成石化廠家對政府沒有信心。像德國的經驗是，曾有一段時間禁止石化廠設置，後來經濟倒退，人民生計大受影響，後來才從新開放起來。也許台灣人民一樣要經過此陣痛，才會覺醒，但政府如何告訴人民，那樣是對的，那樣是錯的呢？你我都沒真正體驗過，是否真的要讓大家都陣痛一次，才知道，但也許代價很高，因為時過境遷，產業可否從新發展起來，沒有人可以保證。我認為向高廠如果確定 104 年拆定了，就乾脆把睦鄰基金凍結起來，讓當地民眾感受到沒有回饋金的痛苦。目前已經有高雄市長初選人出面協調此事，高雄服務業也有很多依附在高廠的，高廠真的遷走後，對當地經濟影響是很大的。

四、截至 2005 年止，政府所推動的各階段石化產業政策，對輕油裂解廠的發展有何影響？

我認為政府應該遵循市場機制，認為投資案有必要，就要突破任何困難去支持，讓計畫執行，對的事情要找到對的因素來支持，這就是政策。政府在經濟、社會與環保各層面要取得平衡。在環保方面前

經濟部長何美玥就講的很清楚，台灣未來設立的輕油裂解廠，要採用全球最環保的製程。到底輕油裂解廠是否耗能或污染大家爭議很大，但是在台灣設立比在其他地方會做得好，因為我們會用最嚴格的標準來做，那麼兼顧環保對經濟也是正面效益。

未來國光石化投資案通過，產品一開始也是銷往中國大陸，但是台灣市場會長大。像台塑六輕計畫一樣，一開始銷大陸，但現在台灣市場起來了，像光電產業及高科技等，對石化原料的需求慢慢擴大中。許多台灣高科技廠家進口的特用化學品，屬於石化工業高值化的部分，生產比重雖不高，但可提升石化業的形象，轉變人們對其傳統及污染的刻板印象。

五、政府當前的兩岸經貿政策，由「積極開放、有效管理」更易為「積極管理、有效開放」後對輕油裂解廠的發展有何影響？

原本政府就限制台灣石化業者到大陸投資輕油裂解廠，因此「積極管理、有效開放」的經貿政策對這件事可以說沒有影響。但也可此解讀，「有效開放」是說大家都同意了才開放，那麼以前本來就不能去，而現在要更管，那不是表示更困難了。我覺得這些都是文字遊戲，無法開放去設廠才是事實。

工業局和政府其他單位就開放赴大陸設置輕油裂解廠的問題已經溝通五年多，發現最大的問題癥結在陸委會，該單位認為一但開放台灣業者赴大陸投資輕油裂解廠，將會發生投資的帶動效應。去設了一家石化上游，把台灣的中下游都一起帶過去了。其次是國家安全的

考量，輕油裂解廠投資金額大，台灣的投資者將可能因利益的關係被中國大陸統戰。

六、政府當前的石化產業政策，對輕油裂解廠的發展有何影響？

高廠（五輕）若必須在民國 104 年前如期遷廠，將對台灣石化工業造成衝擊，不只是影響高廠而已，而是一連貫性的影響。首先，高廠所在地之高雄仁武地區之土地被限制無法再更新，也就是無法再擴廠。其次是高雄地區已經通過「高高屏地區總量管制」，限制該地區廠家不能再進入設廠。我們可以想到的是，十年的一個循環時間也到了，高廠是否如期拆遷，政府必須要有明確的政策，因為距離僅 8 年時間，要讓這些高廠的下游廠家明確知道，無至於投資 8 年後才發覺不對必須收起來，還有港口及運輸系統成本相剛難估計。而且對大高雄經濟會有不良影響，長期以來依附在高廠的服務業將會受到衝擊。因此經濟部將會再行文行政院作最後決定，若真的高廠一定要遷，廠商也要時間另起爐灶，但長久以來的一貫體系就此收起來，是否能全部移到雲林離島工業區，看土地如何取得，怎樣填海造陸還得看看。

三輕更新應地方政府顧及選票問題，當地民眾認為高廠要遷，我們（指民眾）就不是人嗎？那我們也要三輕遷廠，此魔咒不解開，高雄地區輕油裂解廠問題將無法解決。

未來的輕油裂解廠發展是朝生態景觀工業區的方向，未來的輕油裂解廠的角色必須要脫胎換骨，朝生產生化、醫療及高值化石化原料，除滿足國內高科技產業的原料需求外，也進一步提升石化上游的技術與形象。另外，景觀也相當重要，像德國的巴斯夫有座 SM 廠其

外觀設計成機器人造型，這是相當有創意的，未來台灣可以加以學習，讓藝術家可以進駐到石化園區創作，將廠區藝術化，像密密麻麻的石化管線不就是後現代美學的象徵嗎？未來開放一些較不危險的廠區讓民眾參觀與休憩，便能進一步化解居民對石化廠的刻板印象，石化廠也能融入都市景觀，就像觀光團到台西去看風力發電車一樣，這些要結合建築設計與藝術生態，雖然會增加一些石化廠家的投資經費，但一定要做的。

訪談記錄（三）

受訪者：B1

訪談日期：2006.3.24

一、政府從何時開始制訂石化產業政策？又政策之目的（策略）為何？

　　台灣經濟發展之初，大約三十多年以前，大都發展勞力密集的產業，所生產的產品也都銷到國外。由於許多石化下游產業都必須由國外進口原料，成本相當昂貴，也缺乏國際競爭力。政府當時確認出口導向的產業方針，必須仰賴持續穩定且廉價的基本原料，因此開始有發展石化中、上游的打算。由於輕油裂解的籌設資金昂貴且風險性高，因此政府認為應由國營單位負責，並依照產業的需求，陸續興建多座輕油裂解廠，並在民國七十年初，出現很多的石化中游廠家。在兩次能源危機的時候，政府提出產銷次序與關稅保護措施，讓台灣石化業度過艱難時期，直到民國八十年後，才開放輕油裂解廠民營化（台

塑六輕計畫）。台灣曾贏得雨傘、輪胎及玩具等王國之美譽，與輕油裂解廠的設立有密切之關係。

五、政府當前的兩岸經貿政策，由「積極開放、有效管理」更易為「積極管理、有效開放」後對輕油裂解廠的發展有何影響？

過去中國大陸鋪紅地毯高規格期待我方去設廠，不過現在已經無所謂了，但我認為目前大陸只剩一個位子讓我國去設廠，可是在積極管理的政策下就更難了。基本上從事石化發展，不是與原料相近就是與市場相近，而大陸是現在石化業的廣大市場，所以有人問我台灣為何不去大陸發展石化上游，我也很難回答。若國光石化投資案通過了，建廠也要 8-10 年，也許那時政經發展與兩岸關係已和現在不同我不知道，但是若國光生產的原料要運到大陸需要花費運輸成本與時間，並且還有稅率問題。我想政府經濟部門頭腦都很清醒，也知道很多，但是就是幫不上忙。

六、政府當前的石化產業政策，對輕油裂解廠的發展有何影響？

要談到政府政策恐怕要看當天的心情，有時候因為情緒不好，恐怕會出言不善。事實上經濟部對石化業的發展有很好的政策，像前經濟部長何美玥及工業局長陳昭儀都是，他們都有一個想法，石化工業要在台灣發展，而且現在台塑企業發展的很好，甚至超過中油國營事業，而只有一家發展的好並非好事，所以政府會希望國內有兩個石化體系並駕齊驅，一個是台塑系統另一個是中油與其系他民營業者共同組成的系統，例如目前剛成立的國光石化科技公司就是，但該公司所

籌畫在雲林的投資計畫與台塑六輕很類似,是不盡美之處,因為產品相同部分,必然造成相互競爭,但我也不擔心,因為我相信從業者一定能解決此問題。

訪談記錄（四）

受訪者：B2
訪談日期：2006.4.11

四、截至 2005 年止,政府所推動的各階段石化產業政策,對輕油裂解廠的發展有何影響?

我在擔任國營機構高級主管時,當時的八輕計畫正如火如荼的展開,八輕最早選在屏東,許多單位機構都很支持,因為屏東距離高雄不遠,管線拉到高雄石化工業區是可行的,但因為國防部反對,認為與軍事地區距離太近,恐怕會造成危險而做罷,後來轉往布袋,但區域面積太小,氣候評估也認為不理想,而高廠因為 104 年必須拆遷,中油提出高廠就地更新的計畫,當時地方民眾分為兩派,一派認為許多服務業依附在高廠之下,若高廠遷走,對當地的產業與就業會有衝擊,將會有當地勞工失業,但另一派則堅持 25 年必須遷廠,不可能有其他條件。所以八輕最後還是找到雲林離島工業區,當時的縣長也是支持的,不過現在新的縣長上任後,說要課徵地方稅,投下新的變數。

六、政府當前的石化產業政策,對輕油裂解廠的發展有何影響?

政府也曾提出三輕、四輕的更新計畫,三輕從 25 到 100 萬噸,四輕從 35 到 70 萬噸,進一部提升乙烯產能是台灣要繼續發展石化業必要走的路,就拿三輕為例,政府通過了、環評也過關、政府也公告了,應該可以執行,但現在民眾開始抗爭了。所以談到政府政策就必須釐清,到底是要發展經濟,還是要環保,但很多高舉環保的旗子行自私的目的,這些幕後人士我們就無法說了,總之,政府要清楚的看到兩者之間要有平衡點。如果環保無限上岡,台灣石化產業發展會出現大問題,我們不能忽略環保,這之間要尋找一個平衡點,環保團體不顧民眾生計與國家經濟發展,一味朝綠色主義前進,對台灣輕油裂解廠新投資計畫衝擊甚大。

訪談記錄(五)

受訪者:C1

訪談日期:2006.3.31

六、政府當前的石化產業政策,對輕油裂解廠的發展有何影響?

石化廠區附近居民不同意的原因有三個,第一是會影響健康,其次是造成環境污染,最後是對自然景觀的破壞。如果說有對附近居民有利的條件、正面的回饋,他們才會願意接受。

　　政府對輕油裂解廠的管理與環保要求要講清楚說明白，讓廠區附近民眾無後顧之憂，也就是讓污染降到最低，如前面說的對健康、環境污染，自然景觀三方面而言，若對環保提升而又有回饋地方的作法，我相信民眾還是會願意的，政府政策一定要朝此面向走才對，要不然民眾絕不會同意的更明白的說法是，對民眾有利的部分一定要高於受到的影響。

　　應該讓廠方與名眾溝通清楚，並做一個保證的動作，這樣對當地名眾有保障有利，而且處理的制度包含回饋等都要明確制訂制度。除了金錢的回饋以外，還要對其後代子孫有有利，廠方必須保證他們的健康及未來教育，這兩項應該就足夠了，實際的作法如定期的健康檢查及健保費的優待等等，而在教育方面，補助學費到那個求學階段，這些都要定的很清楚，這些具體作法才會讓他們覺得有利啊！民眾並非要廠方無法興建或擴廠，但要能能獲得共識才行得通。若沒有共識，政府用讓廠方進行建廠，那是絕對不行的，即便未來開始動工，民眾不斷的抗爭廠方會安心嗎？這些抗爭是持續不斷的，許多興建工程因而一拖就是好幾年，例如核三廠就是。

　　我認為廠方與民眾可行的協調模式，可透過各戶的戶長會議，鄉的調解委員會或各地方的協會等組織，大家坐下來談，形成共識後做成表決，有會議紀錄做為依據，雙方也能放心，到時候政府執行公權力大家也沒話說，有會議紀錄為證。地方的民意代表及環保團體也可做為協調的中間人，例如地方代表會、縣議會及立委都是很好的中間者。

訪談記錄（六）

受訪者：C2

訪談日期：2006.4.17

六、政府當前的石化產業政策，對輕油裂解廠的發展有何影響？

　　對於國內重大石化開發計畫環境影響評估案件屬本部綜合計畫處負責，環保署針對環境影響評估的作法，皆依法行政，例如環保署89年通過的濱南工業區開發計畫—石化綜合廠與工業專用港替代方案環境影響說明書內容如下：該案有條件繼續進行第二階段環境影響評估，其條件如下：一、為避免產生巨大且難以回復之影響，是否需開發如此龐大的工業區，仍有斟酌餘地，請考量石化廠、專用港、大煉鋼廠分開不同區位設置或作適當切割之替代方案。並對本開發區、鄰近區以生態觀點提出具體之探討及客觀評比。二、為保護潟湖、沙洲，開發工程或計畫應儘量採取適當設施或技術替代方式，其開發使用潟湖、沙洲之比例，應降至百分之三十以下，且應提出具體計畫，以保護其他未使用之潟湖、沙洲。三、用水問題仍應進行深入確實之探討及規劃，不宜僅以節省用水等難以解決之方式替代，且應有經濟部正式確認供水需要量及時程。四、漁民、漁業權及涉及居民權益等社會、經濟因素應加以深入評估調查、瞭解，並提出妥善之補償及因應對策。五、本開發案之開發面積宜在環境容許負荷量下（如考慮當地空氣污染總量之限制……等）進行規劃，並調整其適當的開發面積與規模。六、如有獨立電廠之設置，則應依法進行環境影響評估。七、有關生產方式、污染防治、海岸影響、溫排水與水之回收再利用以及生態等，仍應確實調查評估及研提對策。

參考文獻

一、中文部份

王作榮　1989 我們如何創造了經濟奇蹟，台北：時報出版社。

化工學會 50 週年紀念特刊　2003 飛躍的半世紀：化工學會 50 週年紀念特刊，臺北：中國化工學會出版。

中華徵信社　1994，1994 石化業產業年報，台北：中華徵信所。

中華徵信社　1996，1996 石化業產業年報，台北：中華徵信所。

李孟翰　2000「轉變中的發展型國家—以台灣的金融體制與產業發展為例」，東海大學社會學系研究所碩士論文。

李志村　2003 海峽兩岸石油和化工經貿暨科技合作大會會刊，北京：北京國際會議中心出版。

吳仕吉　1999「拜耳案與石化政策：政策網絡觀點」，國立中興大學公共政策研究所碩士論文。

吳定　2003 公共政策，台北：國立空中大學。

吳燦廷　1998 政府之獎勵措施對台灣積體電路業廠商融資行為之影響研究，交通大學科技管理研究所未出版碩士論文。

吳思華　1994『台灣高科技產業之發展—政府政策與企業策略之互動』，產業政策與科技政策論文集，台灣經濟研究院出版。

曾麗蘭　1997「一九八〇年代以來臺灣石化政策與石化企業之轉型—後福特主義的觀點」，國立臺灣大學三民主義研究所碩士論文。

林鍾雄　1988 台灣經濟發展 40 年，台北：自立晚報出版社。

林玉華　2002 從五輕個案分析公共政策的過程，臺北：瑞興圖書股份有限公司出版。

金森久雄　1986『日本之產業政策』，台灣經濟研究月刊，第九卷第一期。

彭懷恩　2003 台灣政治發展，臺北：風雲論壇出版

瞿宛文　1995「進口替代與出口成長—台灣石化業之研究」，臺灣社會研究 18 期。

瞿宛文　1997「產業政策的示範效果—臺灣石化業的產生」，臺灣社會研究 27 期。

蔡偉銑　1996「臺灣石化工業發展過程的政治經濟分析：從前一輕至四輕」，東吳大學政治學系研究所碩士論文。

陳潁峰　2000「台灣環保政治的結構與策略分析—核四案與拜耳案的比較」，國立政治大學政治學系研究所碩士論文。

郭肇中等　2005「我國石化工業發展策略（中）」，石化工業 26 卷第 10 期。

陸春霖　2001 探討我國石化業國際競爭力，臺北：塑膠資訊。

許志義　2001「台灣石油及石化產業面對自由化與國際化之挑戰與因應對策」，石油季刊。

邱振崑　1987『國際產業政策的共同目的及關鍵問題』，台北市銀月刊，第 18 卷第 5 期。

葉萬安　1993『台灣產業政策演變的歷史背景及其效果分析』，台北：自由中國之工業。

潘淑滿　2003 質性研究：應用與理論，臺北：心理出版社。

顏昌晶　1990「近代中國石油工業發展之研究（1932-1949）」，國立中央大學歷史研究所碩士論文。

劉阿榮　2002 台灣永續發展的歷史結構分析─國家與社會的觀點，
　　臺北：楊智出版社。

謝俊雄　2000「七輕計畫推展過程及其展望」，石化工業雜誌，21 卷
　　第 9 期。

二、英文部份

Pigou, A.C　1918 "The Economics of Welfare", London, MacMillan.

Nurkse, Ragnar　1953 "Problems of Capital Formation in Underdeveloped
Countries", N.Y.: Oxford University Press.

Hirschman, A.O　1958 "The Strategy of Economic Development", New
Haven: Yale University Press

Adams, F. Gerard, & Bollino, C. Andrea,　1983 "Meaning of Industrial
Policy", Industrial Policy for Growth and Competitiveness, D.C.
Heath and Company, PP.13-20.

Wade, Robert　1990 Governing the Market : Economic Theory and the
Role of Government in East Asia Industrialization, Princeton
University Press, U.K.

Amsden, Alice H　1991 "Diffusion of Development : The Late-
Industrializing Model and Greater East Asia", The American
Economic Review, Vol. 81 No 2.

Fontant,A., & Frey,J.H　1998."Interviewing: The are of science.In
N.K.Denzing & Y.S.Lincoln（Eds.）,Collecting and Interpreting
Qualitative Materials.London" : Sage Publications.

Robins, Fred　2002 "Industry Policy in East Asia", Asia Business & Management, PP.291-312,.

三、網站

台灣區石油化學工業同業公會網站 http://www.piat.org.tw/
經濟部工業局網站 http://www.moeaidb.gov.tw/portal/index.jsp
行政院大陸委員會 http://www.mac.gov.tw/
台塑企業六輕網站 http://www.fpcc.com.tw/six/six_1.asp
立法院國會圖書館 http://npl.ly.gov.tw/do/www/homePage
郎若帆 2000 我國石化工業的發展現況與未來發展藍圖，資料來源：
http://www.npf.org.tw/PUBLICATION/TE/089/R/TE-R-089-003.htm

四、其他

中華民國的石油化學工業年鑑歷年
石化工業雜誌
民眾日報
經濟日報
中華日報
工商時報

國家圖書館出版品預行編目

轉變中的臺灣石化工業 / 黃進為著 . -- 一版 .
-- 臺北市：秀威資訊科技 , 2007[民 96]
面 ； 公分 . -- (應用科學 ; PB0003)
參考書目：面
ISBN 978-986-6909-91-7 (平裝)

1. 石油化學業 - 臺灣
486.5   96011958

應用科學　PB0003

轉變中的台灣石化工業

作　　者 / 黃進為
發 行 人 / 宋政坤
執行編輯 / 賴敬暉
圖文排版 / 黃莉珊
封面設計 / 林世峰
數位轉譯 / 徐真玉　沈裕閔
圖書銷售 / 林怡君
法律顧問 / 毛國樑律師
出版印製 / 秀威資訊科技股份有限公司
　　　　　台北市內湖區瑞光路 583 巷 25 號 1 樓
　　　　　電話：02-2657-9211　　　傳真：02-2657-9106
　　　　　E-mail：service@showwe.com.tw
經 銷 商 / 紅螞蟻圖書有限公司
　　　　　台北市內湖區舊宗路二段 121 巷 28、32 號 4 樓
　　　　　電話：02-2795-3656　　　傳真：02-2795-4100
　　　　　http://www.e-redant.com

2007 年 7 月 BOD 一版
定價：340 元

讀　者　回　函　卡

感謝您購買本書，為提升服務品質，煩請填寫以下問卷，收到您的寶貴意見後，我們會仔細收藏記錄並回贈紀念品，謝謝！

1.您購買的書名：＿＿＿＿＿＿＿＿＿＿＿＿＿＿＿＿＿

2.您從何得知本書的消息？

　　□網路書店　　□部落格　　□資料庫搜尋　　□書訊　　□電子報　　□書店

　　□平面媒體　　□ 朋友推薦　　□網站推薦　□其他＿＿＿＿＿＿

3.您對本書的評價：(請填代號　1.非常滿意 2.滿意 3.尚可 4.再改進)

　　封面設計＿＿　　版面編排＿＿　　內容＿＿　　文/譯筆＿＿　　價格＿＿

4.讀完書後您覺得：

　　□很有收獲　　□有收獲　　□收獲不多　　□沒收獲

5.您會推薦本書給朋友嗎？

　　□會　□不會，為什麼？＿＿＿＿＿＿＿＿＿＿＿＿＿＿＿＿＿＿＿

6.其他寶貴的意見：＿＿＿＿＿＿＿＿＿＿＿＿＿＿＿＿＿＿＿＿＿＿

＿＿＿＿＿＿＿＿＿＿＿＿＿＿＿＿＿＿＿＿＿＿＿＿＿＿＿＿＿＿＿

＿＿＿＿＿＿＿＿＿＿＿＿＿＿＿＿＿＿＿＿＿＿＿＿＿＿＿＿＿＿＿

＿＿＿＿＿＿＿＿＿＿＿＿＿＿＿＿＿＿＿＿＿＿＿＿＿＿＿＿＿＿＿

讀者基本資料

姓名：＿＿＿＿＿＿＿＿＿＿　　年齡：＿＿＿＿　　性別：□女 □男

聯絡電話：＿＿＿＿＿＿＿＿　E-mail：＿＿＿＿＿＿＿＿＿＿＿＿

地址：＿＿＿＿＿＿＿＿＿＿＿＿＿＿＿＿＿＿＿＿＿＿＿＿＿＿

學歷：□高中(含)以下　　□高中　　□專科學校　　□大學

　　　□研究所(含)以上　□其他＿＿＿＿＿＿＿＿＿

職業：□製造業 □金融業 □資訊業 □軍警 □傳播業 □自由業

　　　□服務業 □公務員 □教職　□學生 □其他＿＿＿＿＿＿

(請沿線對摺寄回,謝謝!)

秀威與 BOD

BOD（Books On Demand）是數位出版的大趨勢，秀威資訊率先運用 POD 數位印刷設備來生產書籍，並提供作者全程數位出版服務，致使書籍產銷零庫存，知識傳承不絕版，目前已開闢以下書系：

一、BOD 學術著作—專業論述的閱讀延伸

二、BOD 個人著作—分享生命的心路歷程

三、BOD 旅遊著作—個人深度旅遊文學創作

四、BOD 大陸學者—大陸專業學者學術出版

五、POD 獨家經銷—數位產製的代發行書籍

BOD 秀威網路書店：www.showwe.com.tw

政府出版品網路書店：www.govbooks.com.tw

永不絕版的故事・自己寫・永不休止的音符・自己唱